Bibliografische Information der Deutschen Nationalbibliothek:

Die Deutsche Bibliothek verzeichnet diese Publikation in der Deutschen Nationalbibliografie; detaillierte bibliografische Daten sind im Internet über http://dnb.d-nb.de/ abrufbar.

Impressum:

Druck und Bindung: Books on Demand GmbH, Norderstedt Germany
ISBN: 9783656933083

Dieses Buch bei GRIN:

https://www.grin.com/document/295413

Erich Bulitta, Hildegard Bulitta

Nachhilfe Mathematik - Teil 6: Übungsbuch zur gezielten Vorbereitung auf Prüfungen – mit Kopiervorlagen

GRIN Verlag

GRIN - Your knowledge has value

Der GRIN Verlag publiziert seit 1998 wissenschaftliche Arbeiten von Studenten, Hochschullehrern und anderen Akademikern als eBook und gedrucktes Buch. Die Verlagswebsite www.grin.com ist die ideale Plattform zur Veröffentlichung von Hausarbeiten, Abschlussarbeiten, wissenschaftlichen Aufsätzen, Dissertationen und Fachbüchern.

Reihe
Nachhilfe Mathematik

Teil 6: Übungsbuch zur gezielten Vorbereitung auf Prüfungen – mit Kopiervorlagen

Gesamtband

Erich und Hildegard Bulitta

Vorwort – Teil 6: Übungsbuch zur gezielten Vorbereitung auf Prüfungen – mit Kopiervorlagen

Liebe Schülerinnen und Schüler,

liebe Eltern, liebe Lehrerinnen und Lehrer!

Die neue Reihe „Nachhilfe – Mathematik" wendet sich an alle Schülerinnen und Schüler, die ihre schulischen Leistungen im Fach Mathematik verbessern und vertiefen wollen, um bessere Noten zu erzielen. Viele Tipps und Erklärungen zu den Aufgabentypen helfen beim Rechnen.

Eltern haben mit diesen pädagogisch erprobten typischen Aufgaben die Möglichkeit, die schulischen Leistungen ihrer Kinder zu verbessern und sie für das Fach Mathematik zu motivieren.

Viele Lehrerinnen und Lehrer suchen immer wieder eine Möglichkeit, wie sie im Unterricht und auf die besondere Leistungsfeststellung im Fach Mathematik vorbereiten können, und viele Schülerinnen und Schüler suchen das passende Übungsbuch dazu. Dieses Buch bietet beides! Es kann sowohl im Unterricht als auch zum Üben zu Hause eingesetzt werden. Die in sich abgeschlossenen Arbeitsblätter können im Unterricht auch für Vertretungsstunden oder Probearbeiten eingesetzt werden. Auf diese Weise brauchen sich Lehrkräfte nicht die Mühe machen, selbst Aufgaben so zusammenzustellen, dass ihre Schülerinnen und Schüler sie auch verstehen und sie ihren Erfolg selbst sehen. Viele Aufgaben sind auch für Prüfungen oder Schulaufgaben verwendbar. Das vorliegende Arbeitsbuch bietet eine ausgezeichnete Hilfe an, da es Schülerinnen und Schülern ermöglicht, auch alleine für eine Schulaufgaben und eine Mathematikprüfung zu üben.

Den Aufgaben werden wichtige Grundlagen für das Fach Mathematik vorangestellt. Die Seiten sind so gestaltet, dass die Aufgaben direkt bearbeitet werden können. Selbstverständlich können die einzelnen Bände dieser Reihe ganz alleine durchgearbeitet werden, aber besser ist es sicherlich, wenn jemand den Fortschritt kontrolliert. Die verschiedenen Aufgabentypen werden in kleinen Schritten erklärt und erarbeitet, so dass es leicht ist, zu verstehen, wie das Rechnen mit den verschiedenen Aufgabenmöglichkeiten geht. Die verschiedenen Aufgaben können dann selbst nachvollzogen und angewandt werden. Der Lösungsteil dient der Kontrolle.

Die Reihe „Nachhilfe – Mathematik" ist unabhängig von Jahrgangsstufe, Schulart oder Schulbuch und bietet in konzentrierter Form jeweils einen Teilbereich des Faches Mathematik an. Jeder einzelne Teil der Reihe gliedert sich in zwei Einzelbände (Band 1: Grundkurs und Band 2: Aufbaukurs; Ausnahme Teil 6: hier gibt es Band 1 und Band 2, die unabhängig voneinander sind) und einen Gesamtband, der die beiden Bände 1 und 2 enthält.

Im Teil 6 dieser Reihe wird gezielt auf Prüfungen (Qualifizierter Abschluss, „Quali") vorbereitet. Dabei werden die einzelnen Teilgebiete der Mathematik in kleinen Schritten bearbeitet und ausführlich erklärt, um sicher mit den Rechenaufgaben für Prüfungen umzugehen (siehe folgender Teil „Zu diesem Buch").

Somit ergibt sich eine echte Nachhilfe und gute Vorbereitung auf Schulaufgaben oder Prüfungen. Die Aufgaben sind so aufgebaut, dass sie alleine und ohne fremde Hilfe gelöst werden können. Die jeweiligen Arbeitshefte sind so konzipiert, dass in das Heft geschrieben werden kann.

Zum Schluss noch ein Tipp: Arbeite das Heft sorgfältig durch, dann bekommst du die Sicherheit, die du für das Fach Mathematik brauchst. Wir wünschen dir viel Spaß dabei.

Empfehle diese Reihe auch deinen Mitschülerinnen und Mitschülern, die Schwierigkeiten im Fach Mathematik haben und sich verbessern wollen. Den QR-Code kannst du gerne verschicken, damit auch andere davon erfahren.

Zu diesem Buch

Das vorliegende Arbeitsbuch bietet für Schulaufgaben oder Prüfungen des Mittleren Schulabschlusses eine ausgezeichnete Hilfe an, da es Schülern und Schülerinnen ermöglicht, auch alleine dafür zu üben.

Jede Seite ist eine in sich geschlossene Einheit. Aufgaben gleicher Art sind zusammengefasst. Nicht immer ist jedoch eine klare Trennung möglich, da z. B. Prozent- und Zinsrechnung vermischt sind und gerade die Prozentrechnung auch oft Teil der Flächenberechnung oder Raumlehre ist.

In kleinen überschaubaren Schritten wird erklärt, wie man die jeweilige Aufgabengruppe bearbeiten kann. Dabei wird auch an schwierigere Aufgaben herangeführt. Die einzelnen Lösungsschritte werden erläutert und am Ende zeigen die Lösungen, ob richtig gerechnet wurde.

Das bringt für alle Vorteile!

- Lehrkräfte können gezielt im Unterrichtsalltag und im Mathematikunterricht auf Prüfungen vorbereiten. Schülerinnen und Schüler können auch alleine zu Hause erfahren, wie Prüfungsaufgaben gestellt warden. Eltern wissen, dass mit diesem Buch ihre Kinder gefördert werden, indem sie sehen, wie in kleinen Schritten und überschaubar die verschiedenen Aufgabentypen erarbeiten werden können.

- Bereits während des Jahres können bei den jeweiligen Themenkreisen typische Sachbereiche der Mathematik und auch Quali-Aufgaben geübt werden, so dass man sicherer wird und weiß, wie solche Aufgaben gestellt und gelöst werden können.

- Schüler und Schülerinnen können während eines Schuljahres ganz gezielt die Bereiche üben, in denen sie noch Schwierigkeiten haben und sie sich im Fach Mathematik verbessern möchten.

- Zu Beginn jeder Aufgabe werden Tipps und Schritte zur Lösung der jeweiligen Aufgabenart vorgegeben, damit die Lösung leichter fällt.

- Bei den Aufgaben wird gezeigt, wie man man auch mit der Lösung beginnt. Deshalb werden die einzelnen Rechenwege angegeben. Das erleichtert das Lösen. Gerade schwächere Schülerinnen und Schülern bekommen so die Sicherheit, die sie bei Schulaufgaben oder Prüfungen benötigen.

- Bei Geometrie- und Raumlehreaufgaben erleichtern Zeichnungen die Bearbeitung.

- Im Lösungsteil zeigen auch die Konstruktionen, ob richtig vorgegangen wurde.

Die Reihe Nachhilfe – Mathematik

Teil 1: **Grundrechnungsarten und Zahlenraum bis zur Billion**

Teil 2: **Bruchrechnen und Dezimalzahlen**

Teil 3: **Gleichungen**

Teil 4: **Prozentrechnen**

Teil 5: **Zins- und Promillerechnen**

Teil 6: **Übungsbuch zur gezielten Vorbereitung auf Prüfungen – mit Kopiervorlagen**

Folgt dem QR-Code zu allen bereits veröffentlichten Bänden der Reihe „Nachhilfe Mathematik":
https://www.grin.com/profile/1095312/#documents

Inhalt Übungsbuch zur gezielten Vorbereitung auf Prüfungen:

Gesamtband

Grundwissen kompakt (1) – Grundrechenarten

Addition	addieren	Summand + Summand = Summe 14 + 21 = 35
Subtraktion	subtrahieren	Minuend – Subtrahent = Differenz 25 – 12 = 13
Multiplikation	multiplizieren	Faktor · Faktor = Produkt 6 · 7 = 42
Division	dividieren	Dividend : Divisor = Quotient 56 : 8 = 7

Wichtige Rechenregeln

Addition	12 + 9 = 9 + 12	Summanden darf man vertauschen.
Multiplikation	4 · 3 = 3 · 4	Faktoren darf man vertauschen.
	5 + 7 · 3 = 5 + 21 28 – 15 : 3 = 28 – 5	Punktrechnung vor Strichrechnung.
Klammerrechnen	3 · (4 + 7) = 3 · 11	Erst den Klammerwert berechnen.
	69 – (25 – 12) = 69 – 25 + 12	Minuszeichen vor der Klammer kehrt die Vorzeichen in der Klammer um.
	4 · (6 x + 7) = 24 x + 28	Eine Klammer wird mit einer Zahl multipliziert, indem man jede Zahl in der Klammer mit der Zahl multipliziert.

Umrechnung von Größen

Längen

1 km = 1 000m	1 m = 10 dm = 100 cm	1 cm = 10 cm	1 cm = 1mm

Flächen

1 km² = 100 ha	1 ha = 100 a	1 a = 100 m²
1 m² = 100 dm²	1 dm² = 100 cm²	1 cm² = 100 mm²

Rauminhalte

1 m³ = 1 000 dm³	1 dm³ = 1 000 cm³	1 cm³ = 1 000 mm³
1 l = 1 dm³	1 l = 1 000 ml	1 hl = 100 l

Gewichte

1 t =1 000 kg	1 kg = 1 000 g	1 Pfund = 500 g	1 g = 1 000 mg

Zeiten

1 d = 24 h	1 h = 60 min = 3 600 s	1 min = 60 s

Geschwindigkeiten

1 km/h = $\frac{1000}{3600}$ m/s	1 m/s = $\frac{3600}{1000}$ km/h

Dichte

1 g/cm³ = 1 000 kg/m³	1 kg/m³ = 0,001 g/cm³

Die Grundrechnungsarten werden ausführlich im Teil 1 der Reihe Nachhilfe Mathematik „Grundrechnungsarten und Zahlenraum bis zur Billion“ behandelt.

Grundwissen kompakt (2) – Bruchrechnen und Dezimalzahlen

Brüche addieren und subtrahieren

$4\frac{1}{2} + \frac{3}{4} + 1\frac{5}{8} - 2\frac{1}{8} =$ Zuerst die Ganzen addieren und subtrahieren, dann den Hauptnenner suchen und die Brüche gleichnamig machen.

$3\frac{12}{24} + \frac{18}{24} + \frac{15}{24} - \frac{3}{24} =$ Die Brüche addieren und subtrahieren.

$3\frac{42}{24} = 4\frac{3}{4}$ Das Ergebnis kürzen und umwandeln.

Brüche multiplizieren

$4\frac{2}{5} \cdot \frac{10}{33} =$ Zuerst die Ganzen in Brüche umwandeln und Nenner mit Nenner, Zähler mit Zähler multiplizieren.

$\frac{22 \cdot 10}{5 \cdot 33} = \frac{2 \cdot 2}{1 \cdot 3}$ Soweit wie möglich kürzen

$\frac{4}{3} = 1\frac{1}{3}$ Ausrechnen und umwandeln.

Brüche dividieren

$5\frac{1}{3} : 4\frac{4}{9} =$ Zuerst die Ganzen in Brüche umwandeln und mit dem Kehrwert des zweiten Bruches malnehmen.

$\frac{16 \cdot 9}{3 \cdot 40} = \frac{2 \cdot 3}{1 \cdot 5}$ Soweit wie möglich kürzen.

$\frac{6}{5} = 1\frac{1}{5}$ Ausrechnen und umwandeln.

Brüche in Dezimalzahlen umwandeln

Bekannte Brüche: $\frac{1}{2} = 0{,}5$; $\frac{1}{4} = 0{,}25$; $\frac{3}{4} = 0{,}75$; $\frac{1}{5} = 0{,}2$; $\frac{1}{8} = 0{,}125$;

oder: $\frac{1}{40} = 1 : 40 = 0{,}025$ Zähler durch den Nenner dividieren.

Dezimalzahlen in Brüche umwandeln

Bekannte Dezimalzahlen: $0{,}1 = \frac{1}{10}$; $0{,}2 = \frac{1}{5}$; $0{,}4 = \frac{2}{5}$; $0{,}5 = \frac{1}{2}$; $0{,}75 = \frac{3}{4}$; $0{,}8 = \frac{4}{5}$;

oder: $0{,}3 = \frac{3}{10}$; $0{,}17 = \frac{17}{100}$; $0{,}113 = \frac{113}{1000}$

Das Bruchrechnen und Rechnen mit Dezimalzahlen wird ausführlich im Teil 2 der Reihe Nachhilfe Mathematik „Bruchrechnen und Dezimalzahlen“ behandelt.

Grundwissen kompakt (3) – Prozent- / Promillerechnung: Grundbegriffe

Grundwert G *(100 %)*
Von 32 Schülern bestehen

Prozentsatz p
75 % die Prüfung.

Prozentwert P
Das sind 24 Schüler.

Prozentrechnung – Grundaufgaben (Dreisatz):

Prozentwert gesucht (*P*)
Von 32 Schülern der 9. Klasse bestehen 75 % die Prüfung. Wie viele Schüler sind das?

100 % ≙ 32 S.
1 % ≙ 0,32
75 % ≙ 0,32 · 75 ≙ **24 S.**

Prozentsatz gesucht (*p*)
Von 32 Schülern der 9. Klasse bestehen 24 die Prüfung. Wie viel % sind das?

100 % ≙ 32 S.
1 % ≙ 0,32
24 : 0,32 ≙ **75 %**

Grundwert gesucht (*G*)
24 Schüler einer 9. Klasse bestehen die Prüfung. Das sind 75 % der Klasse. Wie viele Schüler hat die Klasse?

75 % ≙ 24 S.
1 % ≙ 24 : 75 ≙ 0,32
100 % ≙ 0,32 · 100 ≙ **32 S.**

Prozentrechnung – Grundaufgaben (Prozentformel):

$P = \frac{G \cdot p}{100}$ $\qquad$ $p = \frac{P \cdot 100}{G}$ $\qquad$ $G = \frac{P \cdot 100}{p}$

$P = \frac{32 \cdot 75}{100}$ $\qquad$ $p = \frac{24 \cdot 100}{32}$ $\qquad$ $G = \frac{24 \cdot 100}{75}$

Prozentrechnung – Grundaufgaben (Eingabe im Taschenrechner)

$P = 32 \cdot 75\,\%$ $\qquad$ $p = 24 \div 32\,\%$ $\qquad$ $G = 24 \div 75\,\%$

Promillerechnung – Grundbegriffe

Grundwert G *(1 000 ‰)*
Versicherung: 100 000 €

Promillesatz p
Jahresbeitrag: 5 ‰

Promillewert P
Jährliche Zahlung: 500 €.

Promillerechnung – Grundaufgaben (Dreisatz):

Promillewert gesucht (*P*)

Für eine Versicherung von 100 000 € sind jährlich 5 ‰ Beitrag zu zahlen. Wie viel € sind das?

1 000 ‰ ≙ 100 000 €.
1 ‰ ≙ 100 €
5 ‰ ≙ 100 · 5 ≙ **500 €**

Promillesatz gesucht (*p*)

Für eine Versicherung von 100 000 € sind jährlich 500 € Beitrag zu zahlen. Wie viel ‰ sind das?

1 000 ‰ ≙ 100 000 €
1 ‰ ≙ 100 €
500 : 100 ≙ **5 ‰**

Grundwert gesucht (*G*)

Für eine Versicherung sind 500 € jährlich (= 5 ‰) zu zahlen. Wie hoch ist die Versicherungssumme?

5 ‰ ≙ 500 €
1 ‰ ≙ 100 €
1 000 ‰ ≙ 100 000 €

Promillerechnungen – Grundaufgaben (Promilleformel):

$P = \frac{G \cdot p}{1000}$ $\qquad$ $p = \frac{P \cdot 1000}{G}$ $\qquad$ $G = \frac{P \cdot 1000}{p}$

$P = \frac{100000 \cdot 5}{1000}$ $\qquad$ $p = \frac{500 \cdot 1000}{100000}$ $\qquad$ $G = \frac{500 \cdot 1000}{5}$

Grundwissen kompakt (5) – Zinsrechnung: Grundbegriffe

Kapital / Darlehen K (100 %)	***Zinssatz p***	***Zinsen Z***	***Zeit t***
Ein Kapital von 50 000 €	bringt bei 4 %	1 000 € Zinsen	in ½ Jahr.

Ein **Zinsjahr** hat 360 Tage, jeder **Zinsmonat** hat 30 Tage.
Bei Auszahlungen und Darlehen wird der Zahltag mitgerechnet.

Zinsrechnung – Grundaufgaben (Dreisatz):

Zinsen gesucht (*Z*)	**Zinssatz gesucht (*p*)**	**Kapital gesucht (*K*)**	**Zeit gesucht (*t*)**
50 000 € sind für ein halbes Jahr zu 4 % angelegt. Wie hoch sind die Zinsen?	50 000 € bringen in einem halben Jahr 1 000 € Zinsen. Welcher Zinssatz? liegt zugrunde	Wie hoch ist ein Kapital, das bei 4 % in einem halben Jahr 1 000 € Zinsen bringt?	Wie lange ist ein Kapital von 50 000 € angelegt, das bei 4 % 1 000 € Zinsen bringt?
100 % ≙ 50 000 € 1 % ≙ 500 € 4 % ≙ 2 000 € ½ Jahr: ≙ **1 000 €**	in 1 Jahr: 2 000 € 100 % ≙ 50 000 € 1 % ≙ 500 € 2 000 : 500 ≙ **4 %**	in 1 Jahr: 2 000 € 4 % ≙ 2 000 € 1 % ≙ 500 € 100 % ≙ **50 000 €**	100 % ≙ 50 000 € 1 % ≙ 500 € 4 % ≙ 2 000 € 1 000 : 2 000 ≙ **0,5 J.**

Zinsrechnung – Grundaufgaben (Zinsformel) – Zeitangabe in Jahren:

$Z = \frac{K \cdot p \cdot t}{100}$	$p = \frac{Z \cdot 100}{K \cdot t}$	$K = \frac{Z \cdot 100}{p \cdot t}$	$t = \frac{Z \cdot 100}{K \cdot p}$
$Z = \frac{50000 \cdot 4 \cdot 0{,}5}{100}$	$p = \frac{1000 \cdot 100}{50000 \cdot 0{,}5}$	$K = \frac{1000 \cdot 100}{4 \cdot 0{,}5}$	$t = \frac{1000 \cdot 100}{50000 \cdot 4}$

Zinsrechnung – Grundaufgaben (Zinsformel) – Zeitangabe in Monaten:

$Z = \frac{K \cdot p \cdot t}{100 \cdot 12}$	$p = \frac{Z \cdot 100 \cdot 12}{K \cdot t}$	$K = \frac{Z \cdot 100 \cdot 12}{p \cdot t}$	$t = \frac{Z \cdot 100 \cdot 12}{K \cdot p}$

Zinsrechnung – Grundaufgaben (Zinsformel) – Zeitangabe in Tagen:

$Z = \frac{K \cdot p \cdot t}{100 \cdot 360}$	$p = \frac{Z \cdot 100 \cdot 360}{K \cdot t}$	$K = \frac{Z \cdot 100 \cdot 360}{p \cdot t}$	$t = \frac{Z \cdot 100 \cdot 360}{K \cdot p}$

Grundwissen kompakt (4) – Zinsrechnen: Rechnen mit dem Taschenrechner

Übersicht:

Wie du im Teil 5 dieser Reihe „Zins- und Promillerechnen“ ausführlich geübt und gelernt hast, wird beim Rechnen mit dem Taschenrechner anders eingetippt.

Je nachdem, was gesucht wird, tippst du jeweils unterschiedlich in den Taschenrechner.

Tipp: Berechne immer erst die Jahreszinsen!
Tipp: Das Zinsjahr hat immer 360 Tage.
Tipp: Der Zinsmonat hat immer 30 Tage.

geg.: Zinsen: 11 250 €
Zinssatz: 7,5 %
ges.: Darlehen / Kapital

Berechnung des Gesamtdarlehen / Kapital ohne Zeitangabe:
So tippst du in den Taschenrechner:
Zinsen ÷ Zinssatz % =
11 250 ÷ 7,5 % =

geg.: Zinsen: 875 €
Zinssatz: 6 %
Zeit: 7 Monate
ges.: Darlehen / Kapital

Berechnung des Gesamtdarlehen für ...· Monate:
So tippst du in den Taschenrechner:
Zinsen ÷ Anzahl der Monate • 12 ÷ Zinssatz % =
875 ÷ 7 • 12 ÷ 6 % =

geg.: Zinsen: 875 €
Zinssatz: 6 %
Zeit: 125 Tage
ges.: Darlehen / Kapital

Berechnung des Gesamtdarlehen für ...· Tage:
So tippst du in den Taschenrechner:
Zinsen ÷ Anzahl der Tage • 360 ÷ Zinssatz % =
875 ÷ 125 • 360 ÷ 6 % =

geg.: Kapital: 460 €
Zinssatz: 3,5 %
ges.: Zinsen

Berechnung des Jahreszinsen:
So tippst du in den Taschenrechner:
Kapital • Zinssatz % =
460 • 3,5 % =

geg.: Kapital: 460 €
Zinssatz: 3,5 %
Zeit: 5 Monate
ges.: Zinsen

Berechnung des Zinsen für ... Monate:
So tippst du in den Taschenrechner:
Kapital • Zinssatz % ÷ 12 • Anzahl der Monate =
460 • 3,5 % ÷ 12 • 5 =

geg.: Kapital: 1 200 €
Zinssatz: 2,25 %
Zeit: 50 Tage
ges.: Zinsen

Berechnung des Zinsen für ... Tage:
So tippst du in den Taschenrechner:
Kapital • Zinssatz % ÷ 360 • Anzahl der Tage =
1 200 • 2,25 % ÷ 360 • 50 =

Das Prozentrechnen wird ausführlich im Teil 4 der Reihe Nachhilfe Mathematik „Prozentrechnen“ behandelt.

Das Zins- und Promillerechnen wird ausführlich im Teil 5 der Reihe Nachhilfe Mathematik „Zins- und Promillerechnen“ behandelt.

Grundwissen kompakt (6) – Flächenberechnungen

Quadrat

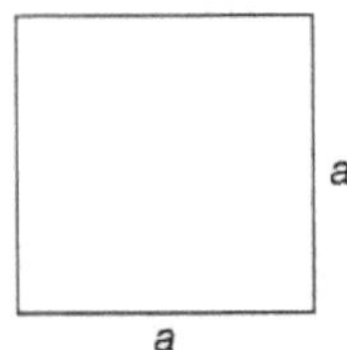

$A = a \cdot a$ oder
$A = a^2$
$u = 4 \cdot a$

Rechteck

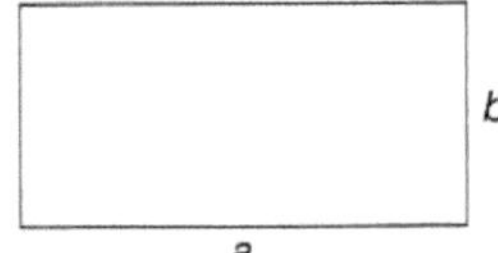

$A = a \cdot b$
$u = 2 \cdot a + 2 \cdot b$ oder
$u = 2 \cdot (a + b)$

Parallelogramm

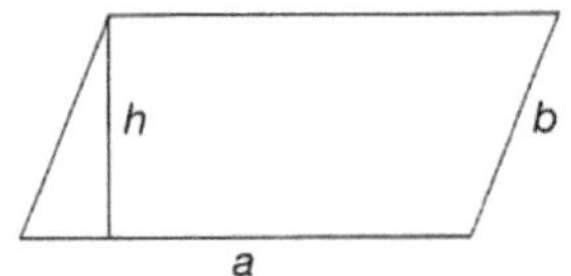

$A = a \cdot h$
$u = 2 \cdot a + 2 \cdot b$ oder
$u = 2 \cdot (a + b)$

Raute

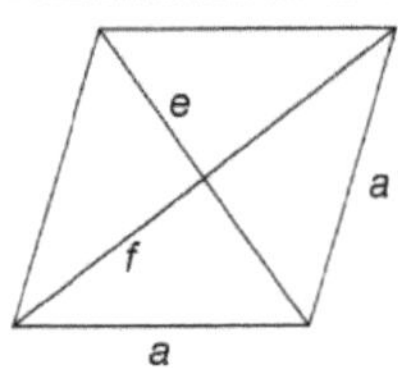

$A = g \cdot a$ oder
$A = \frac{e \cdot f}{2}$
$u = 4 \cdot a$

Trapez

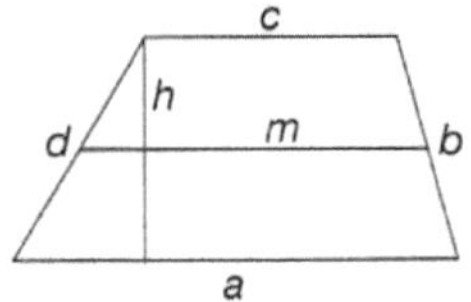

$A = \frac{a + c}{2} \cdot h = m \cdot h$
$u = a + b + c + d$

Regelmäßiges Vieleck

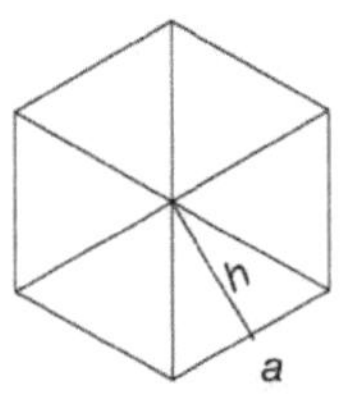

(n = Anzahl der Ecken)

$A = \frac{a \cdot h}{2} \cdot n$
$u = n \cdot a$

Dreieck

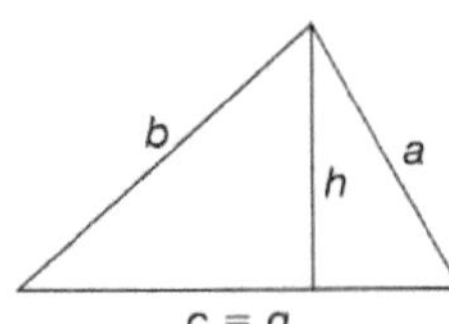

$A = \frac{g \cdot h}{2}$
$u = a + b + c$

Rechtwinkliges Dreieck

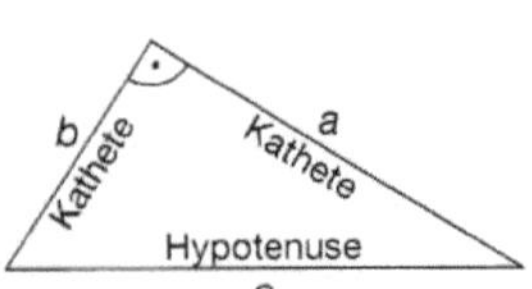

$A = \frac{a \cdot b}{2}$
$u = a + b + c$

Satz des Pythagoras

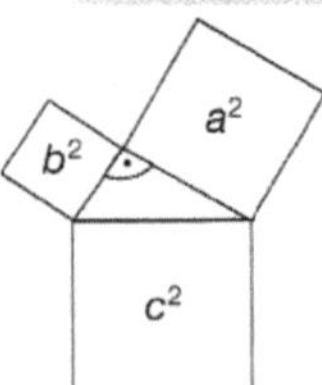

$a^2 + b^2 = c^2$

Kreis

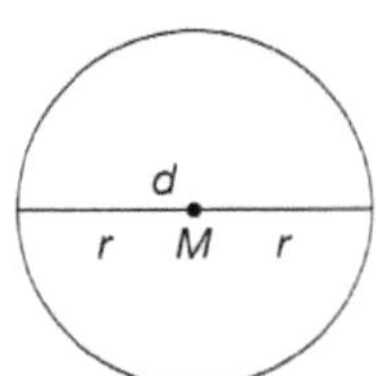

$A = r^2 \cdot \pi$
$u = 2 \cdot r \cdot \pi$ oder
$u = d \cdot \pi$

Kreisausschnitt

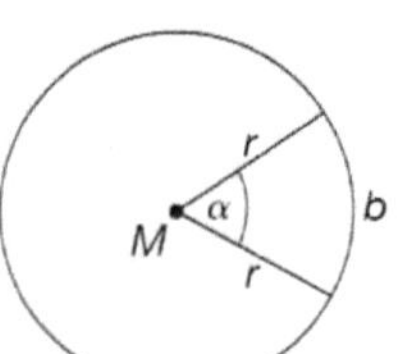

$A = \frac{r^2 \cdot \pi \cdot \alpha}{360°}$
$b = \frac{2 \cdot r \cdot \pi \cdot \alpha}{360°}$

Kreisring

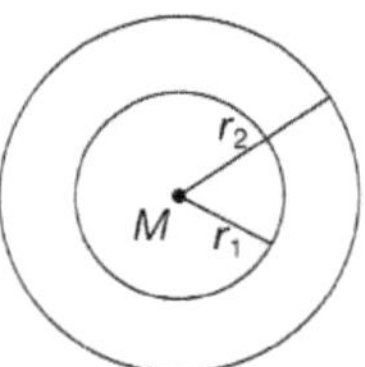

$A = r_2^2 \cdot \pi - r_1^2 \cdot \pi$ oder
$A = (r_2^2 - r_1^2) \cdot \pi$

Grundwissen kompakt (7) – Raumlehre

Würfel

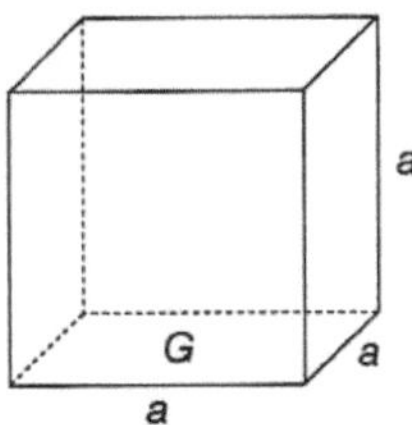

$V = a \cdot a \cdot a = a^3$

$O = 6 \cdot a \cdot a = 6 \cdot a^2$

Quader

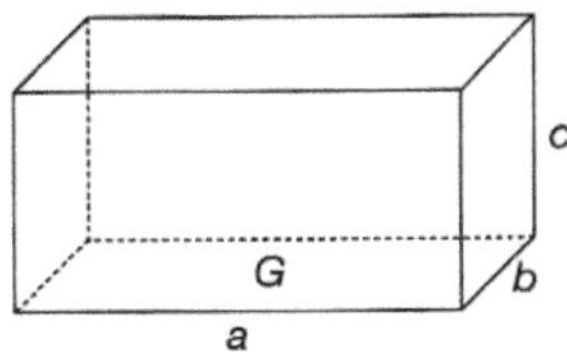

$V = a \cdot b \cdot c$

$O = 2\,(a \cdot b + a \cdot c + b \cdot c)$

Dreiecksäule

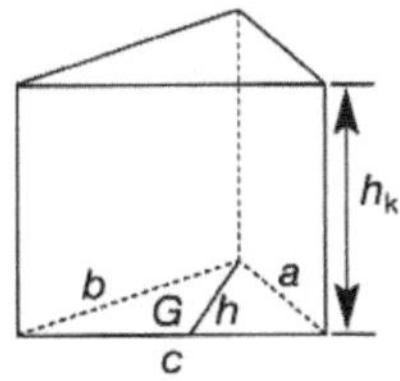

$V = G \cdot h_k = \frac{c \cdot h}{2} \cdot h_k$

$O = 2 \cdot G + M;\ M = (a + b + c) \cdot h_k$

Trapezsäule

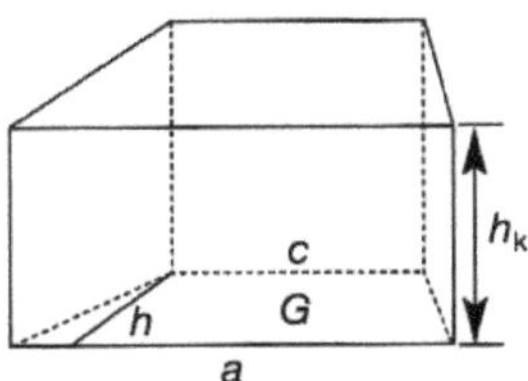

$V = G \cdot h_k = \frac{a + c}{2} \cdot h \cdot h_k$

$O = 2 \cdot G + M;\ M = (a + b + c + d) \cdot h_k$

Quadratische Pyramide

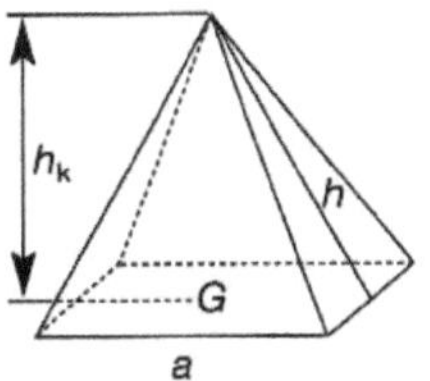

$V = \frac{1}{3} \cdot G \cdot h_k = \frac{1}{3} \cdot a^2 \cdot h_k$

$O = G + M;\ M = 4 \cdot \frac{a \cdot h}{2}$

Zylinder

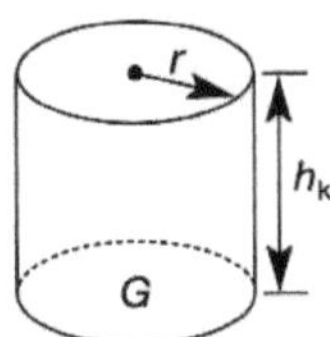

$V = G \cdot h_k$

$V = r^2 \cdot \pi \cdot h_k$

Oberfläche des Zylinders

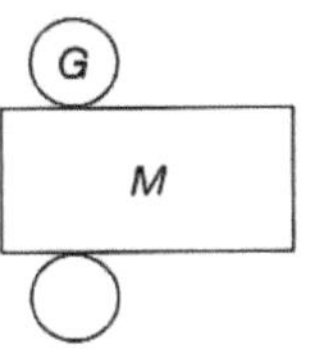

$O = 2 \cdot r^2 \cdot \pi + 2 \cdot r \cdot \pi \cdot h_k = 2 \cdot r \cdot \pi \cdot (r + h_k)$

Kegel

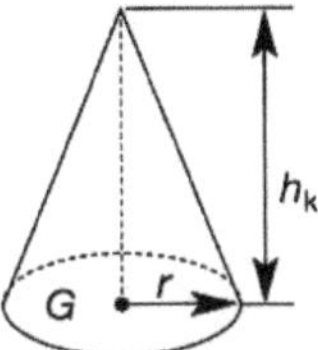

$V = \frac{1}{3} \cdot G \cdot h_k$

$V = \frac{1}{3} \cdot r^2 \cdot \pi \cdot h_k$

Oberfläche des Kegels

$O = r^2 \cdot \pi + r \cdot s \cdot \pi = (r + s) \cdot r \cdot \pi$

Wir lösen Gleichungen

Tipp: Eine Gleichung löst du am besten nach folgendem Schema:

1. Schritt: *Löse die Klammern auf, achte auf die Vorzeichen und denke an die Regel „Punkt vor Strich“.*
2. Schritt: *Fasse rechts und links zusammen.*
3. Schritt: *Ordne.*
4. Schritt: *Rechne x aus. Mit der Probe kannst du dein Ergebnis überprüfen.*

1. $(1{,}22+2{,}7)\cdot 2-(1{,}5x-0{,}525):7{,}5=11{,}01+1{,}5\cdot(1{,}1x-3{,}3)$

1. Schritt: ______________________________

2. Schritt: ______________________________

3. Schritt: ______________________________

4. Schritt: ______________________________

2. $1{,}2\cdot(16x-8)-3{,}6\cdot(3x+9)=2{,}4\cdot(4x-16)-9{,}6$

1. Schritt: ______________________________

2. Schritt: ______________________________

3. Schritt: ______________________________

4. Schritt: ______________________________

3. $2{,}5\cdot(x-9)-1{,}25\cdot 3{,}2x-(18{,}7+12x)=1{,}9\cdot(x+0{,}4)-4\cdot(4{,}8x-0{,}91)$

1. Schritt: ______________________________

2. Schritt: ______________________________

3. Schritt: ______________________________

4. Schritt: ______________________________

4. $\frac{16}{2}\cdot(x-0{,}5)-(3x+2)=142\frac{1}{2}:5-4-1{,}5\cdot(11+6x)$

1. Schritt: ______________________________

2. Schritt: ______________________________

3. Schritt: ______________________________

4. Schritt: ______________________________

Wir lösen Bruchgleichungen

Tipp: Eine Bruchgleichung löst du am besten nach folgendem Schema:

__1. Schritt:__ Nimm die ganze Gleichung mit dem Hauptnenner mal.
__2. Schritt:__ Löse die Klammern auf, achte auf die Vorzeichen und denke an die Regel „Punkt vor Strich".
__3. Schritt:__ Fasse rechts und links zusammen.
__4. Schritt:__ Ordne.
__5. Schritt:__ Rechne x aus. Mit der Probe kannst du dein Ergebnis überprüfen.

1. $2\frac{1}{3} \cdot (5x-8) - \frac{x+3}{2} = 1\frac{1}{2} + \frac{1}{3}x$

1. Schritt: ______________________________

2. Schritt: ______________________________

3. Schritt: ______________________________

4. Schritt: ______________________________

5. Schritt: ______________________________

2. $0{,}75 \cdot (6x-32) - 5 \cdot (7 - \frac{1}{3}x) = \frac{7x-39}{3}$

1. Schritt: ______________________________

2. Schritt: ______________________________

3. Schritt: ______________________________

4. Schritt: ______________________________

5. Schritt: ______________________________

3. $\frac{3}{8} \cdot (12x-16) - \frac{x}{2} - 12 = \frac{3}{4} - \frac{5}{4} \cdot (4-x)$

1. Schritt: ______________________________

2. Schritt: ______________________________

3. Schritt: ______________________________

4. Schritt: ______________________________

5. Schritt: ______________________________

Gleichungen werden ausführlich im Teil 3 der Reihe Nachhilfe Mathematik „Gleichungen" behandelt.

Wir lösen Gleichungen mit Brüchen und Dezimalzahlen

Tipp: Eine Bruchgleichung löst du am besten nach folgendem Schema:

__1. Schritt:__ Wandle Dezimalzahlen in Brüche um.
__2. Schritt:__ Nimm die ganze Gleichung mit dem Hauptnenner mal.
__3. Schritt:__ Löse die Klammern auf, achte auf die Vorzeichen und denke an die Regel „Punkt vor Strich“.
__4. Schritt:__ Fasse rechts und links zusammen.
__5. Schritt:__ Ordne.
__6. Schritt:__ Rechne x aus. Mit der Probe kannst du dein Ergebnis überprüfen.

4. $7{,}5 \cdot (2x+3) + (5x-4) \cdot 12 - 3(3+4x) - (3x+1) \cdot 1{,}5 = \frac{5 \cdot (7x+34{,}8)}{2}$

1. Schritt: ______________________________

2. Schritt: ______________________________

3. Schritt: ______________________________

4. Schritt: ______________________________

5. Schritt: ______________________________

5. $\frac{6x}{5} - \frac{4 \cdot (x-2)}{3} - 6x + 4 \cdot (x+2) = 0$

1. Schritt: ______________________________

2. Schritt: ______________________________

3. Schritt: ______________________________

4. Schritt: ______________________________

5. Schritt: ______________________________

6. $4 \cdot (4{,}7x - 14{,}7) - 16 \cdot \frac{1{,}075x + 1{,}375}{2} = 43{,}3 - (37{,}5 - 2{,}5x) \cdot 1{,}8$

1. Schritt: ______________________________

2. Schritt: ______________________________

3. Schritt: ______________________________

4. Schritt: ______________________________

5. Schritt: ______________________________

Wir lösen Bruchgleichungen mit x im Nenner

Tipp: Eine Bruchgleichung mit x im Nenner löst du am besten nach folgendem Schema:

__1. Schritt:__ Nimm die ganze Gleichung mit dem Hauptnenner mal. Vergiss x nicht.
__2. Schritt:__ Löse die Klammern auf, achte auf die Vorzeichen und denke an die Regel „Punkt vor Strich".
__3. Schritt:__ Fasse rechts und links zusammen.
__4. Schritt:__ Ordne.
__5. Schritt:__ Rechne x aus. Mit der Probe kannst du dein Ergebnis überprüfen.

1. $13\frac{3}{4} - 4 \cdot (\frac{4}{x} - 3) = \frac{9}{x} + \frac{3}{4}$

1. Schritt: ______________________________

2. Schritt: ______________________________

3. Schritt: ______________________________

4. Schritt: ______________________________

5. Schritt: ______________________________

2. $15\frac{3}{5} - 3 \cdot (\frac{3}{x} - 5) - 12 = \frac{5}{x} + 8\frac{2}{5} : \frac{2}{3} - \frac{4}{2x}$

1. Schritt: ______________________________

2. Schritt: ______________________________

3. Schritt: ______________________________

4. Schritt: ______________________________

5. Schritt: ______________________________

3. $\frac{3,5}{x} + \frac{4}{x} - 0,5 = \frac{1}{4} - 3 \cdot (\frac{1}{x} - 1)$

1. Schritt: ______________________________

2. Schritt: ______________________________

3. Schritt: ______________________________

4. Schritt: ______________________________

5. Schritt: ______________________________

Wir lösen Bruchgleichungen mit x im Nenner

Tipp: Eine Bruchgleichung mit x im Nenner löst du am besten nach folgendem Schema:

1. Schritt: *Nimm die ganze Gleichung mit dem Hauptnenner mal. Vergiss x nicht.*
2. Schritt: *Löse die Klammern auf, achte auf die Vorzeichen und denke an die Regel „Punkt vor Strich“.*
3. Schritt: *Fasse rechts und links zusammen.*
4. Schritt: *Ordne.*
5. Schritt: *Rechne x aus. Mit der Probe kannst du dein Ergebnis überprüfen.*

4. $3{,}5 - 3 \cdot (\frac{3}{4x} - \frac{5}{6x}) = \frac{1}{2x} + 1\frac{7}{8} : \frac{3}{4}$

1. Schritt: ______________________________

2. Schritt: ______________________________

3. Schritt: ______________________________

4. Schritt: ______________________________

5. Schritt: ______________________________

5. $\frac{9}{x} - 2\frac{2}{5} - \frac{3}{2} \cdot (\frac{9}{x} - 3) = \frac{6}{x}$

1. Schritt: ______________________________

2. Schritt: ______________________________

3. Schritt: ______________________________

4. Schritt: ______________________________

5. Schritt: ______________________________

6. $28 - 2 \cdot (\frac{9}{x} + 4) = \frac{28+4}{2x} + \frac{94}{x} - 12$

1. Schritt: ______________________________

2. Schritt: ______________________________

3. Schritt: ______________________________

4. Schritt: ______________________________

5. Schritt: ______________________________

Wir lösen Bruchgleichungen mit x im Nenner

Tipp: Eine Bruchgleichung mit x im Nenner löst du am besten nach folgendem Schema:

1. Schritt: *Nimm die ganze Gleichung mit dem Hauptnenner mal. Vergiss x nicht.*
2. Schritt: *Löse die Klammern auf, achte auf die Vorzeichen und denke an die Regel „Punkt vor Strich“.*
3. Schritt: *Fasse rechts und links zusammen.*
4. Schritt: *Ordne.*
5. Schritt: *Rechne x aus. Mit der Probe kannst du dein Ergebnis überprüfen.*

7. $\frac{49}{x} - 7 \cdot (\frac{4}{x} - \frac{2}{3}) = \frac{63}{x} \cdot 2 - 10\frac{1}{3}$

1. Schritt: ______________________

2. Schritt: ______________________

3. Schritt: ______________________

4. Schritt: ______________________

5. Schritt: ______________________

8. $\frac{1}{6} - \frac{2}{3} \cdot (\frac{1}{4x} - \frac{1}{2x} - \frac{1}{x}) = 1$

1. Schritt: ______________________

2. Schritt: ______________________

3. Schritt: ______________________

4. Schritt: ______________________

5. Schritt: ______________________

9. $\frac{24}{x} + \frac{15}{x} - \frac{6}{x} = \frac{7}{x} + 8\frac{2}{3}$

1. Schritt: ______________________

2. Schritt: ______________________

3. Schritt: ______________________

4. Schritt: ______________________

5. Schritt: ______________________

Terme aufstellen und lösen

Tipp: Die unbekannte Zahl ist x. So löst du die Terme:

1. Schritt: *Lies die Aufgabe langsam durch und schreibe auf, was du erfährst.*
2. Schritt: *Setze eine Klammer, wenn du eine Summe oder Differenz bilden sollst.*
3. Schritt: *Achte unbedingt auf die Vorzeichen.*
3. Schritt: *Stelle die Gleichung auf.*
4. Schritt: *Löse die Gleichung in kleinen Schritten.*
5. Schritt: *Mache unbedingt die Probe, um dein Ergebnis zu überprüfen*

1. Löse mit Hilfe einer Gleichung.
Addiert man 9 zum Fünffachen einer Zahl, multipliziert die Summe mit 4 und vermindert das Produkt um 20, so erhält man halb so viel, wie wenn man das Zehnfache der gesuchten Zahl von 82 subtrahiert.
Wie heißt die gesuchte Zahl?

Rechnung: ____

Probe: ____

2. Löse mit Hilfe einer Gleichung.
Wenn man die Summe aus dem sechsten Teil einer gesuchten Zahl und 4 verdreifacht, erhält man den fünften Teil der Differenz aus dem Vierfachen der Zahl und 3.

Rechnung: ____

Probe: ____

Terme aufstellen und lösen

***Tipp:* Die unbekannte Zahl ist x. So löst du die Terme:**

1. Schritt: *Lies die Aufgabe langsam durch und schreibe auf, was du erfährst.*
2. Schritt: *Setze eine Klammer, wenn du eine Summe oder Differenz bilden sollst.*
3. Schritt: *Achte unbedingt auf die Vorzeichen.*
3. Schritt: *Stelle die Gleichung auf.*
4. Schritt: *Löse die Gleichung in kleinen Schritten.*
5. Schritt: *Mache unbedingt die Probe, um dein Ergebnis zu überprüfen*

3. Erstelle eine Gleichung und löse sie.
Subtrahiert man vom Dreifachen einer Zahl die Differenz aus dem Vierfachen der Zahl und 3, so erhält man ein Drittel der Summe aus der gesuchten Zahl und 1.

Rechnung: ____________________

____

____

____

Probe: ____________________

4. Multipliziert man die Differenz aus einer Zahl und 3 mit 6 und vermindert man das Produkt um 5, so erhält man die Hälfte der Differenz aus dem Fünffachen der Zahl und 11.

Rechnung: ____________________

____

____

____

Probe: ____________________

5. Wenn man vom 9-fachen einer Zahl die Summe aus dem 4-fachen dieser Zahl und 5 subtrahiert, so erhält man die Hälfte der Differenz aus dem 8-fachen der Zahl und 5.

Rechnung: ____________________

____

____

____

Probe: ____________________

Terme aufstellen und lösen

Tipp: Die unbekannte Zahl ist x. So löst du die Terme:

1. Schritt: *Lies die Aufgabe langsam durch und schreibe auf, was du erfährst.*
2. Schritt: *Setze eine Klammer, wenn du eine Summe oder Differenz bilden sollst.*
3. Schritt: *Achte unbedingt auf die Vorzeichen.*
3. Schritt: *Stelle die Gleichung auf.*
4. Schritt: *Löse die Gleichung in kleinen Schritten.*
5. Schritt: *Mache unbedingt die Probe, um dein Ergebnis zu überprüfen*

6. Erstelle eine Gleichung und löse sie. Multipliziert man die Differenz aus dem Achtfachen einer Zahl und 16 mit $\frac{3}{4}$ und subtrahiert vom Ergebnis die Summe aus der Zahl und 28, so erhält man die Hälfte der Summe aus dem Fünffachen der gesuchten Zahl und 15.

Rechnung: ______________________________

____

____

____

Probe: ______________________________

7. Dividiert man die Summe aus dem Sechsfachen einer Zahl und 4 durch 3 und subtrahiert davon $\frac{2}{3}$, so erhält man ebenso viel, wie wenn man die Differenz aus 2 und dem Fünffachen der Zahl mit 4 multipliziert. Löse mit Hilfe einer Gleichung.

Rechnung: ______________________________

____

____

____

Probe: ______________________________

8. Subtrahiert man $\frac{5}{12}$ vom dritten Teil einer Zahl, so erhält man halb so viel, wie wenn man zur Hälfte der gesuchten Zahl $\frac{1}{6}$ addiert. Löse mit Hilfe einer Gleichung.

Rechnung: ______________________________

____

____

____

Probe: ______________________________

Terme aufstellen und lösen

Tipp: Die unbekannte Zahl ist x. So löst du die Terme:

1. Schritt: *Lies die Aufgabe langsam durch und schreibe auf, was du erfährst.*
2. Schritt: *Setze eine Klammer, wenn du eine Summe oder Differenz bilden sollst.*
3. Schritt: *Achte unbedingt auf die Vorzeichen.*
3. Schritt: *Stelle die Gleichung auf.*
4. Schritt: *Löse die Gleichung in kleinen Schritten.*
5. Schritt: *Mache unbedingt die Probe, um dein Ergebnis zu überprüfen*

9. Löse mit Hilfe einer Gleichung.
Dividiert man das Sechsfache einer Zahl durch 4 und vermehrt den Quotienten um 12, so erhält man die doppelte Differenz aus 9 und dem vierten Teil der Zahl. Wie heißt die Zahl?

Rechnung: ______________________________

____

____

____

____

____

Probe: ______________________________

10. Löse mit Hilfe einer Gleichung.
Wenn man zum Achtfachen einer Zahl die Hälfte dieser Zahl addiert, so erhält man um 6 mehr als das Siebenfache dieser Zahl. Wie heißt die Zahl?

Rechnung: ______________________________

____

____

____

____

Probe: ______________________________

Textgleichungen lösen

1. Schritt: *Lies die Aufgabe ganz genau durch.*
2. Schritt: *Setze eine Größe als x.*
3. Schritt: *Die anderen Größen sind entweder bekannt oder stehen in Abhängigkeit von x. Ihre Abhängigkeit erfährst du aus dem Text.*
4. Schritt: *Stelle eine Gleichung auf und löse sie in kleinen Schritten.*
5. Schritt: *Rechne x aus und berechne mit dem Wert von x die anderen Größen.*

1. Ein Sportverein kauft zu Beginn der neuen Saison 18 Volleybälle für 47 € pro Stück, 14 Handbälle zu je 36 € und einige Fußbälle, die doppelt so teuer sind wie die Handbälle. Insgesamt bezahlt der Verein 2 214 €.

a) Wie viele Fußbälle wurden gekauft? Löse mit Hilfe einer Gleichung.
b) Wie viel € kostet durchschnittlich ein Ball?

a) Anzahl der Fußbälle: ______ *Gesamtpreis der Volleybälle:* ______________

Gesamtpreis der Handbälle: ______________ *Gesamtpreis der Fußbälle:* ______________

Gleichung: ____

____

____

____

b) Durchschnittsberechnung: ____

2. In einem Fußballstadion wurden Karten für insgesamt 1 600 000 € verkauft.
Die Eintrittspreise betrugen:

Sitzplatz	Haupttribüne	35,00 €
Sitzplatz	Gegengerade	27,50 €
Stehplatz		12,50 €

14 000 Personen kauften Stehplatzkarten, 45 000 Sitzplatzkarten.

a) Wie viele Karten wurden für die Haupttribüne verkauft? Löse mit Hilfe einer Gleichung.
b) Wie viele Besucher kauften Karten für die Gegengerade?

a) Anzahl der K. für die Gegengerade: ______ *Anzahl der K. für die Haupttribüne:* ____________

Einnahmen Haupttribüne: __________________ *Einnahmen Stehplatz:* __________________

Einnahmen Gegengerade: ____

Gleichung: ____

____

____

c) Berechnung der Anzahl der Karten für die Gegengerade: ______________________________

Textgleichungen lösen

1. Schritt: *Lies die Aufgabe ganz genau durch.*
2. Schritt: *Setze eine Größe als x.*
3. Schritt: *Die anderen Größen sind entweder bekannt oder stehen in Abhängigkeit von x. Ihre Abhängigkeit erfährst du aus dem Text.*
4. Schritt: *Stelle eine Gleichung auf und löse sie in kleinen Schritten.*
5. Schritt: *Rechne x aus und berechne mit dem Wert von x die anderen Größen.*

3. Ein Sportverein meldet zu einer Triathlon-Veranstaltung Frauen, Männer und Jugendliche. Die Anzahl der teilnehmenden Männer ist dabei doppelt so hoch wie die der Frauen. Die Zahl der Jugendlichen ist halb so groß wie die der gemeldeten Erwachsenen. An Meldegebühren zahlen die Erwachsenen 35 €, die Jugendlichen 20 €.
Der Verein überweist insgesamt 2 160 €.
Wie viele Frauen, Männer und Jugendliche wurden gemeldet? Löse mit Hilfe einer Gleichung.

*Anzahl der Frauen :*__________ – *Anzahl der Männer:* __________

Anzahl der Erwachsenen: __________ – *Anzahl der Jugendlichen:* __________

Meldegebühr der Erwachsenen: __________ – *Meldegebühr der Jugendlichen:* __________

Gleichung: ______________________________

____

____

____

Männer: ______________ Frauen: ______________ Jugendliche: ______________

4. In einem Informatikraum einer Mittelschule wurde jeder Arbeitsplatz mit einem Computer, einem Monitor und einem Drucker ausgestattet. Ein Computer kostete genau sechsmal soviel wie ein Monitor. Der Preis für einen Drucker belief sich auf ein Viertel des Preises, der für Computer und Monitor zusammen berechnet wurde. 16 Arbeitsplätze kosteten insgesamt 16 800 €. Berechne die Einzelpreise der Geräte mit Hilfe einer Gleichung.

Monitorpreis: ______________ – *Computerpreis:* ______________ – *Druckerpreis:* ______________

Gleichung: ______________________________

____

____

____

____

Monitor: ______________ – Computer: ______________ – Drucker: ______________

Textgleichungen lösen

1. Schritt: *Lies die Aufgabe ganz genau durch.*
2. Schritt: *Setze eine Größe als x.*
3. Schritt: *Die anderen Größen sind entweder bekannt oder stehen in Abhängigkeit von x. Ihre Abhängigkeit erfährst du aus dem Text.*
4. Schritt: *Stelle eine Gleichung auf und löse sie in kleinen Schritten.*
5. Schritt: *Rechne x aus und berechne mit dem Wert von x die anderen Größen.*

5. Die Schüler einer 9. Mittelschulklasse beteiligten sich am Börsengewinnspiel einer Bank. Nach eingehenden Beratungen entschlossen sie sich zum Kauf von 8 Aktien einer Automobilfabrik, 5 Aktien eines Chemiekonzerns und 2 Aktien einer Versicherungsgesellschaft.
Am Kauftag kostete die Versicherungsaktie sechsmal so viel wie die Automobilaktie, die Chemieaktie 160 € weniger als die Autoaktie.
Nach Abzug angefallener Kosten von 142 € blieben der Klasse am Ende des Börsenspiels von ihrem anfänglichen Guthaben von 10 000 € noch 18 € übrig.
Wie teuer war am Kauftag jeweils eine Aktie der drei Unternehmen? Löse diese Aufgabe mit Hilfe einer Gleichung.

Preis Autoaktie:_______ - Preis Versicherungsaktie:_______ - Preis Chemieaktie:_______

Gesamtpreis Autoaktie:_____________ - Gesamtpreis Versicherungsaktie:_____________

Gesamtpreis Chemieaktie:_____________ - Kosten + Guthaben:_____________

Gleichung: ____

____

____

____

Autoaktie: ____________ Versicherungsaktie: ____________ Chemieaktie: ____________

6. Vier Geschwister werden nach ihrem Alter gefragt. Robert antwortet und macht daraus ein Rätsel: „Klaus ist halb so alt wie Elke. Ich bin doppelt so alt wie Elke. Elke und ich sind miteinander viermal so alt wie Hubert.
Zusammen sind wir 34 Jahre alt."
Wie alt ist jedes der Geschwister? Löse die Aufgabe mit Hilfe einer Gleichung.

Elke:_______ Jahre Klaus:_______ Jahre Robert:_______ Jahre Hubert:_______ Jahre

Gleichung: ____

____

____

____

Elke: _________ Klaus: _________ ; Robert: _________ ; Hubert: _________

Textgleichungen lösen

Tipp: Am besten gehst du so vor:

__1. Schritt:__ Lies die Aufgabe ganz genau durch.
__2. Schritt:__ Setze eine Größe als x.
__3. Schritt:__ Die anderen Größen sind entweder bekannt oder stehen in Abhängigkeit von x. Ihre Abhängigkeit erfährst du aus dem Text.
__4. Schritt:__ Stelle eine Gleichung auf und löse sie in kleinen Schritten.
__5. Schritt:__ Rechne x aus und berechne mit dem Wert von x die anderen Größen.

7. Ein Sportgeschäft bietet eine Inline-Ausrüstung (Skates, Knieschoner, Handschützer, Helm) komplett zum Preis von 247,49 € an. Der Helm kostet 65 €, die Knieschoner kosten das Eineinhalbfache der Handschützer. Die Skates kosten 29,99 € mehr als Helm und Handschützer zusammen.
Berechne die einzelnen Preise von Skates, Knieschonern und Handschützern.
Löse mittels einer Gleichung.

Preis Handschützer: _________ *Preis Knieschoner:* _________ *Preis Skates:* _________

Gleichung: ____

____

____

____

Handschützer: _________ Knieschoner: _________ Skates: _________

8. Um die Kosten für einen Schulausflug abzudecken, musste jeder Schüler 9 € bezahlen. Zum Schluss fehlten 12 €.
Hätte der Lehrer von jedem Schüler 10 € eingesammelt, wären 9 € übrig geblieben.
a) Wie viele Schüler hat demnach die Klasse? Löse die Aufgabe mit Hilfe einer Gleichung.
b) Wie viel hätte der Lehrer ursprünglich von jedem Schüler einsammeln müssen, um die Kosten zu decken? Runde auf einen vollen 10-Cent-Betrag.

a) Anzahl der Schüler: __________

Betrag bei 9 € pro Schüler (plus 12 €): __________________________

Betrag bei 10 € pro Schüler (minus 9 €): __________________________

Gleichung: ____

____

____

____

Anzahl der Schüler: _______________

b) *Tatsächlicher Betrag pro Schüler:* _________________________________

Textgleichungen lösen

Tipp: Am besten gehst du so vor:

1. Schritt: *Lies die Aufgabe ganz genau durch.*
2. Schritt: *Setze eine Größe als x.*
3. Schritt: *Die anderen Größen sind entweder bekannt oder stehen in Abhängigkeit von x. Ihre Abhängigkeit erfährst du aus dem Text.*
4. Schritt: *Stelle eine Gleichung auf und löse sie in kleinen Schritten.*
5. Schritt: *Rechne x aus und berechne mit dem Wert von x die anderen Größen.*

9. Für eine Musical-Aufführung wurden an einem Abend insgesamt 1 526 Karten in vier Preisklassen verkauft.
280 Besucher besaßen Karten zu 44 €
Die Eintrittspreise betrugen: Preisklasse 1: 80,00 €
Preisklasse 2: 70,00 €
Preisklasse 3: 55,50 €
Preisklasse 4: 44,00 €
Von den Karten zu 70 € wurden zweimal so viel verkauft wie von den teuersten. Die Anzahl der verkauften Karten aus Preisklasse 3 war halb so groß wie die aus Preisklasse 1 und 4 zusammen.

a) Wie viele Karten von jeder Preisklasse wurden verkauft? Löse mit Hilfe einer Gleichung.
b) Wie hoch war die Gesamteinnahme dieses Abends?

a) Anzahl der Karten Preisklasse 1: __________ *Anzahl der Karten Preisklasse 2:* __________

Anzahl der Karten Preisklasse 3: __________ *Anzahl der Karten Preisklasse 4:* __________

Gleichung: ____

____

____

____

____

Anzahl der Karten Preisklasse 1: __________

Anzahl der Karten Preisklasse 2: __________

Anzahl der Karten Preisklasse 3: __________

Anzahl der Karten Preisklasse 4: __________

b) Berechnung der Gesamteinnahmen:

____

____

Insgesamt wurden ______________ € eingenommen:

Textgleichungen lösen

Tipp: Am besten gehst du so vor:

1. Schritt: *Lies die Aufgabe ganz genau durch.*
2. Schritt: *Setze eine Größe als x.*
3. Schritt: *Die anderen Größen sind entweder bekannt oder stehen in Abhängigkeit von x. Ihre Abhängigkeit erfährst du aus dem Text.*
4. Schritt: *Stelle eine Gleichung auf und löse sie in kleinen Schritten.*
5. Schritt: *Rechne x aus und berechne mit dem Wert von x die anderen Größen.*

10. Eine Mittelschule unternahm mit 102 Schülern der 9. Jahrgangsstufe eine Theaterfahrt in die nächste Stadt. Für die Vorstellung waren nur Eintrittskarten in zwei verschiedenen Preislagen erhältlich. Für die 58 billigeren musste jeweils 1,50 € weniger bezahlt werden als für die restlichen. Die Busfahrt kostete pro Schüler $\frac{2}{3}$ des Preises einer günstigeren Theaterkarte. Für die Fahrt und die Eintrittskarten mussten insgesamt 1 086 € bezahlt werden.

a) Wie viel kostete eine billigere, wie viel eine teuere Eintrittskarte? Löse diese Aufgabe mit Hilfe einer Gleichung.

b) Welcher Betrag musste an das Busunternehmen überwiesen werden?

a) Anzahl der teueren Karten: ____________________

Preis der teueren Karten: ________________ *Preis der billigeren Karten:* ________________

Preis für die Fahrt pro Schüler: ____________________

Gleichung: ____

____

____

____

____

____

____

Preis der teueren Karten: ________________ *Preis der billigeren Karten:* ________________

b) Preis für die Busfahrt: ____________________________________

Textgleichungen lösen

1. Schritt: *Lies die Aufgabe ganz genau durch.*
2. Schritt: *Setze eine Größe als x.*
3. Schritt: *Die anderen Größen sind entweder bekannt oder stehen in Abhängigkeit von x. Ihre Abhängigkeit erfährst du aus dem Text.*
4. Schritt: *Stelle eine Gleichung auf und löse sie in kleinen Schritten.*
5. Schritt: *Rechne x aus und berechne mit dem Wert von x die anderen Größen.*

11. In einem Schnellzug sitzen in der 2. Klasse dreimal so viel Reisende wie in der 1. Klasse. Unterwegs steigen in der 2. Klasse 230 Personen aus und 80 ein. In der 1. Klasse steigen 59 Fahrgäste aus und 89 ein.
Nun sind in der 2. Klasse nur noch doppelt so viele Reisende wie in der 1. Klasse.
Wie viele Fahrgäste waren anfangs in jeder Klasse?
Löse die Aufgabe mit Hilfe einer Gleichung.

Anzahl der Reisenden in der 1. Klasse: _______ *Anzahl der Reisenden in der 2. Klasse:* _______

Reisende in der 1. Klasse nach dem Ein-und Aussteigen: ______________________

Reisende in der 2. Klasse nach dem Ein- und Aussteigen: ______________________

Gleichung: ____

____

____

____

Anzahl der Reisenden in der 1. Klasse: _____________

Anzahl der Reisenden in der 2. Klasse: _____________

12. Die Mutter von Isabella ist heute 4 Mal so alt wie ihre Tochter. In 12 Jahren wird die Mutter nur noch doppelt so alt sein wie die Tochter. Wie alt sind Mutter und Tochter heute?
Löse die Aufgabe mit Hilfe einer Gleichung.

Alter der Tochter heute: ___________ *Alter der Mutter heute:* ___________

Alter der Tochter in 12 Jahren: ___________ *Alter der Mutter in 12 Jahren:* ___________

Gleichung: ____

____

____

____

Alter der Tochter: _________ Jahre Alter der Mutter: _________ Jahre

Prozentrechnung

1. Tipp: *Aufgaben zur Prozentrechnung sind oft umfangreich. Lies sie deshalb langsam durch, rechne in kleinen Schritten und schreibe auf, was du berechnest.*
2. Tipp*: Achte darauf, ob es sich nicht um einen verminderten oder erhöhten Grundwert handelt. In diesem Fall musst du mit weniger oder mehr als 100 % rechnen.*
3. Tipp: *Achte bei grafischen Darstellungen auf die genauen Zahlenangaben für das Kreisdiagramm. Zeichne genau und beschrifte das Diagramm.*

1. Die Schüler der Klasse 9c bieten beim Schulfest 500 Wurstsemmeln zum Verkauf an. Der Bäcker verlangt 0,36 € je Semmel, eine Metzgerei liefert die gesamte Wurst für 245 €.

a) Welchen Preis müssen die Schüler für eine Wurstsemmel verlangen, wenn sie einen Gewinn von 20 % erzielen wollen?

b) Die Schüler setzen einen Verkaufspreis von 1,10 € fest. Sie können aber nur 70 % der Wurstsemmeln verkaufen und müssen die restlichen am Ende des Schulfestes für 0,75 € pro Stück abgeben.
Wie hoch ist der tatsächliche Gewinn?

c) Berechne den Gewinn in Prozent.

Hinweis: Runde das Endergebnis auf zwei Dezimalstellen. Bei der Lösung wird die Mehrwertsteuer nicht berücksichtigt.

a) Gesamtausgaben: ______________________________

Gewinnberechnung: ______________________________

____

____

Preis für eine Semmel: ______________________________

b) Berechnung der 70 %: ______________________________

____

____

Einnahmen (Preis 1,10 €) ______________________________

Einnahmen (Preis 0,75 €): ______________________________

Gesamteinnahmen: ______________________________

tatsächlicher Gewinn (€): ______________________________

c) Berechnung des tatsächlichen Gewinns in %: ______________________________

____

____

Prozentrechnung

1. Tipp: *Aufgaben zur Prozentrechnung sind oft umfangreich. Lies sie deshalb langsam durch, rechne in kleinen Schritten und schreibe auf, was du berechnest.*
2. Tipp*: Achte darauf, ob es sich nicht um einen verminderten oder erhöhten Grundwert handelt. In diesem Fall musst du mit weniger oder mehr als 100 % rechnen.*
3. Tipp: *Achte bei grafischen Darstellungen auf die genauen Zahlenangaben für das Kreisdiagramm. Zeichne genau und beschrifte das Diagramm.*

2. FRISCH AUF DEN TISCH

Pro-Kopf-Verbrauch an Obst in einem Land in Kilogramm (pro Jahr):

Äpfel	16,5	Trauben	4,0
Bananen	13,0	Pfirsiche	3,5
Apfelsinen	10,3	Sonstiges Obst	47,2

a) Berechne den Gesamtverbrauch an Obst pro Kopf in Kilogramm.
b) Wie hoch ist der Pro-Kopf-Verbrauch an Bananen je Person in Prozent? Runde auf zwei Dezimalstellen.
c) Die vierköpfige Familie Weber verzehrt monatlich insgesamt 6,6 kg Äpfel. Um wie viel Prozent liegt sie über dem durchschnittlichen Verbrauch?
d) Stelle die Anteile am Obstverbrauch in einem Kreisdiagramm ($r = 5$ cm) dar. Runde dabei auf ganze Grad.

a) Berechnung des Gesamtverbrauchs: ____________________

b) Anteil der Bananen: ____________________

____

____

c) Jahresverbrauch einer Person: ____________________

Mehrverbrauch in kg: ____________________

Mehrverbrauch in Prozent: ____________________

____

____

Umrechnung der Mengen in Winkelgrade: 1 kg ≙ __________ °

Äpfel: __________ *Bananen:* __________ *Apfelsinen:* __________

Trauben: __________ *Pfirsiche:* __________ *sonst. Obst:* __________

Zeichne nun auf einem Extrablatt einen Kreis mit dem Radius $r = 5$ cm, trage die einzelnen Anteile für die Obstsorten ein und beschrifte sie.

Das Prozentrechnen wird ausführlich im Teil 4 der Reihe Nachhilfe Mathematik „Prozentrechnen" behandelt.

Prozentrechnung

1. Tipp: *Aufgaben zur Prozentrechnung sind oft umfangreich. Lies sie deshalb langsam durch, rechne in kleinen Schritten und schreibe auf, was du berechnest.*
2. Tipp*: Achte darauf, ob es sich nicht um einen verminderten oder erhöhten Grundwert handelt. In diesem Fall musst du mit weniger oder mehr als 100 % rechnen.*
3. Tipp: *Achte bei grafischen Darstellungen auf die genauen Zahlenangaben für das Kreisdiagramm. Zeichne genau und beschrifte das Diagramm.*

3. Herr Werner will sich eine neue Fotoausrüstung mit verschiedenen Objektiven kaufen. Ein Versandhaus bietet im Katalog einen Fotoapparat mit Zubehör zum Preis von 1 369 € an. Als Stammkunde erhält Herr Werner 2 % Rabatt. Für die Verpackung und Transportversicherung werden zusätzlich 1,5 % des ermäßigten Preises in Rechnung gestellt. Im örtlichen Fachhandel kostet die gleiche Ausrüstung 1 359 € zuzüglich 29 € für die Fototasche. Der Fachhändler gewährt 3 % Nachlass.

a) Wie teuer kommt die Fotoausrüstung im Versandhandel?
b) Wie viel müsste Herr Werner beim örtlichen Fotohändler zahlen?
c) Um wie viel Prozent bietet der örtliche Fachhändler günstiger an als der Versandhandel?

Hinweis: Runde alle Ergebnisse auf zwei Dezimalstellen.

a) Berechnung des Rabatts: ______________________________

____

____

ermäßigter Preis: ______________________________

Berechnung Aufschlag : ______________________________

____

____

Gesamtpreis (Versandhandel): ______________________________

b) Preis für Ausrüstung und Zubehör: ______________________________

Berechnung Preisnachlass: ______________________________

____

____

Gesamtpreis (Fotohändler): ______________________________

c) Preisunterschied Fotohändler – Versandhandel in € und %:

____

Prozentrechnung

1. Tipp: *Aufgaben zur Prozentrechnung sind oft umfangreich. Lies sie deshalb langsam durch, rechne in kleinen Schritten und schreibe auf, was du berechnest.*
2. Tipp: *Achte darauf, ob es sich nicht um einen verminderten oder erhöhten Grundwert handelt. In diesem Fall musst du mit weniger oder mehr als 100 % rechnen.*
3. Tipp: *Achte bei grafischen Darstellungen auf die genauen Zahlenangaben für das Kreisdiagramm. Zeichne genau und beschrifte das Diagramm.*

4.

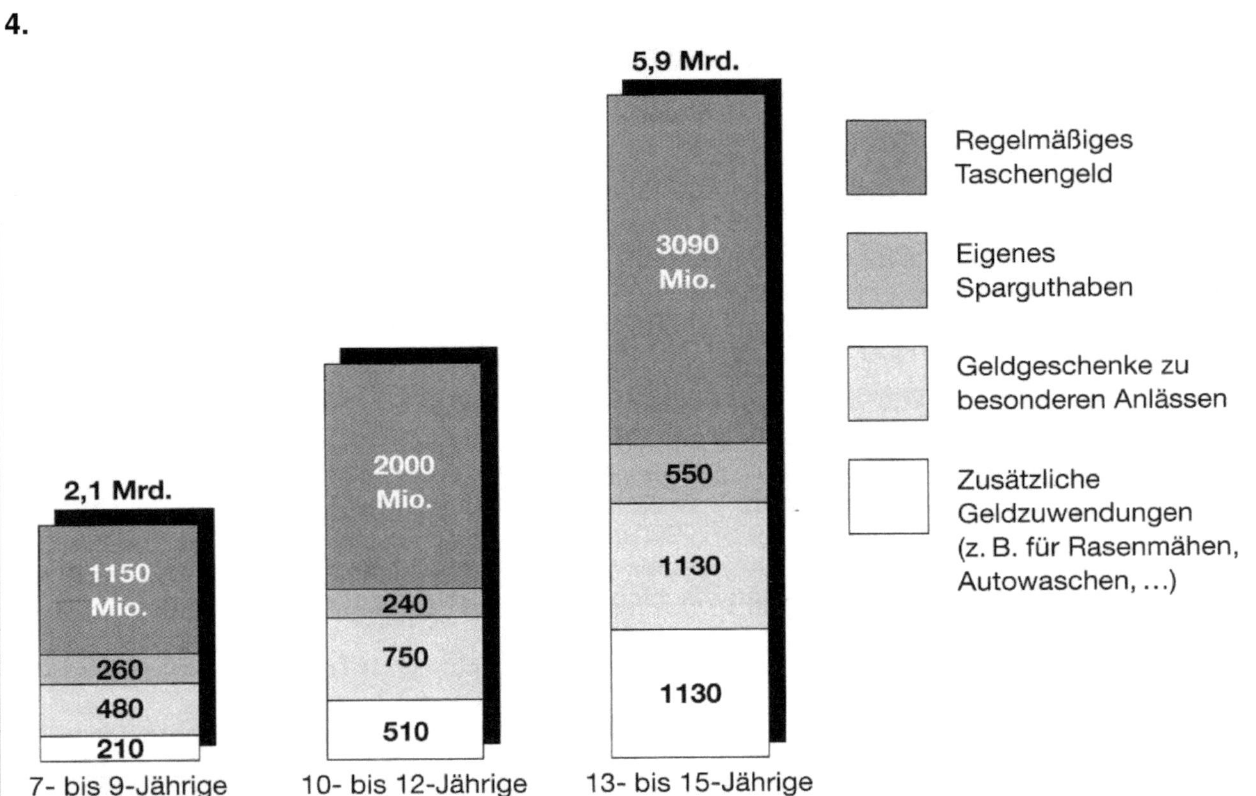

Nach einer Hochrechnung verfügen die Sieben- bis Neunjährigen über ein Vermögen von 2,1 Mrd. €.

a) Wie viele Milliarden € beträgt das Vermögen der 10- bis 12-Jährigen?
b) Stelle die Zusammensetzung des Vermögens der 10- bis 12 Jährigen in einem Kreisdiagramm (r = 5 cm) dar.
c) Um wie viel Prozent übersteigt das Vermögen der 13- bis 15-Jährigen das Vermögen der 7- bis 9-Jährigen?

a) Vermögens der 10- bis 12-Jährigen: ______________________

b) Umrechnung der einzelnen Beträge in Winkelgrade: 3 500 Mio. ≙ 360°

2 000 Mio. = ________ *240 Mio. =* ________ *750 Mio. =* ________ *510 Mio. =* ________

Zeichne nun auf einem Extrablatt einen Kreis mit dem Radius r = 5 cm, trage die einzelnen Anteile für die Vermögensarten ein und beschrifte sie.

c) Berechnung des Unterschieds der Vermögen: ______________________

____

Prozentrechnung

1. Tipp: *Aufgaben zur Prozentrechnung sind oft umfangreich. Lies sie deshalb langsam durch, rechne in kleinen Schritten und schreibe auf, was du berechnest.*
2. Tipp: *Achte darauf, ob es sich nicht um einen verminderten oder erhöhten Grundwert handelt. In diesem Fall musst du mit weniger oder mehr als 100 % rechnen.*
3. Tipp: *Achte bei grafischen Darstellungen auf die genauen Zahlenangaben für das Kreisdiagramm. Zeichne genau und beschrifte das Diagramm.*

6. Der durchschnittliche Wasserverbrauch im Haushalt **pro Kopf und Tag** beträgt in einer Stadt:

Toilettenspülung	35,0 Liter
Geschirrspülen	17,5 Liter
Wäschewaschen / Raumreinigung	50,0 Liter
Körperpflege	27,5 Liter
Baden / Duschen	85,0 Liter
Trinken / Kochen	6,0 Liter
Sonstiges	11,5 Liter

a) Wie viele Liter Wasser verbraucht eine Person insgesamt an einem Tag?
b) Die vierköpfige Familie Schwarz benötigt zum **Geschirrspülen** 49 Liter pro Tag. Um wieviel Prozent liegt das unter dem durchschnittlichen Verbrauch?
c) Stefanie Schwarz gelingt es, ihren Verbrauch im Bereich **Baden** / **Duschen** 20 % unter dem Durchschnitt zu halten.
Wie viele Liter verbraucht sie in einer Woche beim Baden / Duschen?
d) In einem Jahr verbrauchte Familie Schwarz 150 m³ Wasser. Sie bezahlte 208,65 € einschließlich 7 % MwSt. Was kostete 1 m³ ohne MwSt.?

a) Wasserverbrauch insgesamt pro Tag pro Person: ______________________

b) Wasserverbrauch (Geschirrspülen) pro Person pro Tag: ______________________

Berechnung des Prozentwertes: ______________________

____

____

a) tatsächlicher Wasserverbrauch von Stefanie:

pro Tag: ______________________ *pro Woche:* ______________________

d) Wasserpreis ohne MwSt: ______________________

____

____

____

Preis pro m³ Wasser: ______________________

Prozentrechnung

1. Tipp: *Aufgaben zur Prozentrechnung sind oft umfangreich. Lies sie deshalb langsam durch, rechne in kleinen Schritten und schreibe auf, was du berechnest.*
2. Tipp: *Achte darauf, ob es sich nicht um einen verminderten oder erhöhten Grundwert handelt. In diesem Fall musst du mit weniger oder mehr als 100 % rechnen.*
3. Tipp: *Achte bei grafischen Darstellungen auf die genauen Zahlenangaben für das Kreisdiagramm. Zeichne genau und beschrifte das Diagramm.*

7. Im Juli verließen in einem Bundesland ungefähr 134 400 Jugendliche die allgemein bildenden Schulen.
38 % beendeten anschließend die Hauptschule erfolgreich
23 % erreichten anschließend den Realschulabschluss
17 % erlangten anschließend die Hochschulreife
14 % erzielten sonstige Abschlüsse

a) Berechne den prozentualen Anteil der Jugendlichen ohne Schulabschluss.
b) Wie viele Jugendliche blieben ohne Schulabschluss?
c) Ermittle für jede Abschlussart die Schülerzahl.
d) Stelle alle prozentualen Anteile in einem Kreisdiagramm (r = 4,5 cm) dar.

a) Jugendliche ohne Schulabschluss in %: __________

b) Jugendliche ohne Schulabschluss: ______________________________

____

____

c) Hauptschule | *Realschule*

______________________________ ______________________________

______________________________ ______________________________

______________________________ ______________________________

Hochschulreife | *sonstige Abschlüsse*

______________________________ ______________________________

______________________________ ______________________________

______________________________ ______________________________

e) Umrechnung der prozentualen Anteile in Winkelgrade: 1 % ≙ 3,6°

Hauptschule: ____________________ *Realschule:* ______________________________

Hochschulreife: __________________ *sonstige Abschlüsse:* ______________________

ohne Abschluss: ________________

Zeichne nun auf einem Extrablatt einen Kreis mit dem Radius r = 4,5 cm, trage die einzelnen Anteile für die Schulabschlüsse ein und beschrifte sie.

Prozentrechnung

1. Tipp: *Aufgaben zur Prozentrechnung sind oft umfangreich. Lies sie deshalb langsam durch, rechne in kleinen Schritten und schreibe auf, was du berechnest.*
2. Tipp*: Achte darauf, ob es sich nicht um einen verminderten oder erhöhten Grundwert handelt. In diesem Fall musst du mit weniger oder mehr als 100 % rechnen.*
3. Tipp: *Achte bei grafischen Darstellungen auf die genauen Zahlenangaben für das Kreisdiagramm. Zeichne genau und beschrifte das Diagramm.*

8. Herr Müller möchte sich ein neues Auto für 32 500 € kaufen. Ein Händler nimmt seinen alten Wagen für 7 500 € in Zahlung und macht ihm folgendes Leasingangebot:

- 40 % Anzahlung auf die Restsumme
- 36 Monatsraten zu je 299 €
- Bei Rückgabe des Wagens nach drei Jahren ist eine Restzahlung von 10 411 € zu leisten.

a) Wie viel müsste Herr Müller anzahlen?
b) Wie teuer wäre das neue Auto bei diesem Angebot insgesamt?
c) Wie viel Prozent des ursprünglichen Kaufpreises müsste er beim Leasingangebot mehr bezahlen?

a) Berechnung der Restsumme: ______________________________

Berechnung der Anzahlung: ______________________________

____

____

b) Berechnung der 36 Monatsraten: ______________________________

Gesamtpreis beim Leasingangebot (vergiss nicht den Betrag für den alten Wagen und die Summe die nach 3 Jahren zu zahlen ist.)

____

c) Berechnung des Mehrpreises beim Leasingangebot: ______________________________

____

____

9. Übungsaufgaben zur Prozentrechnung:

Rechne die fehlenden Werte aus.

	a)	b)	c)	d)	e)	f)
Grundwert	40 000 €	630 €	?	750 €	1 500 €	?
Prozentwert	1 200 €	?	680 €	37,50 €	?	120 €
Prozentsatz	?	2,5 %	6,8 %	?	4,2 %	12,5 %

Prozentrechnung

1. Tipp: *Aufgaben zur Prozentrechnung sind oft umfangreich. Lies sie deshalb langsam durch, rechne in kleinen Schritten und schreibe auf, was du berechnest.*
2. Tipp: *Achte darauf, ob es sich nicht um einen verminderten oder erhöhten Grundwert handelt. In diesem Fall musst du mit weniger oder mehr als 100 % rechnen.*
3. Tipp: *Achte bei grafischen Darstellungen auf die genauen Zahlenangaben für das Kreisdiagramm. Zeichne genau und beschrifte das Diagramm.*

10. Eine Firma stellt Bleistiftspitzer her. Ein Spitzer wiegt 12 Gramm. 100 Spitzer werden in eine Schachtel gepackt, deren Eigengewicht 200 Gramm beträgt.

a) Berechne das Gesamtgewicht einer vollen Schachtel.
b) Gib den Anteil der Verpackung (Tara) an dem Gesamtgewicht in Prozent an.
c) 36 gefüllte Schachteln kommen in einen Karton, dessen Eigengewicht dann 3 % seines Inhalts entspricht. Wie schwer ist ein leerer Karton?
d) Berechne das Bruttogewicht eines gefüllten Kartons.
e) 15 Kartons werden auf eine Holzpalette gestellt und in eine Folie eingeschweißt. Diese Verpackung erhöht das Gesamtgewicht um 6 %. Berechne das Gesamtgewicht einer beladenen Palette.

a) Gesamtgewicht einer Schachtel: ____________________

____

b) Anteil der Tara am Gesamtgewicht in %: ____________________

____

____

c) Gewicht der 36 Schachteln: ____________________

Berechnung der Tara: ____________________

____

____

d) Bruttogewicht des gefüllten Kartons: ____________________

e) Gewicht der 15 Kartons: ____________________

Berechnung des Gewichts der Folie: ____________________

____

____

Gesamtgewicht der Palette: ____________________

Prozentrechnung

1. Tipp: *Aufgaben zur Prozentrechnung sind oft umfangreich. Lies sie deshalb langsam durch, rechne in kleinen Schritten und schreibe auf, was du berechnest.*
2. Tipp: *Achte darauf, ob es sich nicht um einen verminderten oder erhöhten Grundwert handelt. In diesem Fall musst du mit weniger oder mehr als 100 % rechnen.*
3. Tipp: *Achte bei grafischen Darstellungen auf die genauen Zahlenangaben für das Kreisdiagramm. Zeichne genau und beschrifte das Diagramm.*

11. Aus 25 kg Kartoffeln können 21 kg Pommes frites hergestellt werden.
a) Berechne den Anteil des Abfalls in Prozent.
b) Wie viele Kilogramm Pommes frites kann man aus einer Tonne Kartoffeln herstellen?
c) Wie viele 400-g-Pakete Pommes frites kann man daraus abpacken?
d) Wie viele Pakete kommen noch zum Verkauf, wenn mit einem Verlust von 5 % der Pakete gerechnet werden muss?
a) Wie hoch ist der Gesamtverlust je Tonne von der Herstellung bis zum Verkauf in Prozent?

a) Berechnung des Abfalls: ____________________

b) Berechnung der Menge der Pommes frites bei 1 t:

____

____

____

c) Anzahl der 400-g-Pakete: ____________________

d) Berechnung der tatsächlich verkauften Pakete

____

____

____

e) Gesamtgewicht der tatsächlich verkauften Pakete:

____

Berechnung des Gesamtverlustes: ____________________

____

____

Prozentrechnung

1. Tipp: *Aufgaben zur Prozentrechnung sind oft umfangreich. Lies sie deshalb langsam durch, rechne in kleinen Schritten und schreibe auf, was du berechnest.*
2. Tipp: *Achte darauf, ob es sich nicht um einen verminderten oder erhöhten Grundwert handelt. In diesem Fall musst du mit weniger oder mehr als 100 % rechnen.*
3. Tipp: *Achte bei grafischen Darstellungen auf die genauen Zahlenangaben für das Kreisdiagramm. Zeichne genau und beschrifte das Diagramm.*

12. Eine 9. Klasse mit 25 Schülern plant ihre Abschlussfahrt. Für den gewünschten Zielort liegen zwei Angebote vor:

Angebot 1
Die Deutsche Bahn AG verlangt für die 4-Tages-Fahrt (Bahnfahrt, 3 Übernachtungen, Halbpension) pro Teilnehmer 360 €.
Die Bahn gewährt 2 Freifahrten. Diese sollen als Ermäßigung auf alle Schüler verteilt werden.

Angebot 2
Ein örtlicher Busunternehmer macht der Klasse folgendes Angebot:

Busfahrt	4 900 €
3 Übernachtung mit Halbpension pro Schüler	180 €

Bei Annahme dieses Angebots innerhalb von 4 Wochen gewährt der Busunternehmer einen Rabatt von 5 % auf den Gesamtpreis.

a) Wie viel muss jeder Schüler beim Angebot der Bahn tatsächlich bezahlen?
b) Welchen Betrag muss jeder Schüler beim Angebot des Busunternehmens aufbringen, wenn das Angebot innerhalb von 4 Wochen angenommen wird?
c) Um welchen Prozentsatz liegt in diesem Fall das Angebot der Bahn über oder unter dem des Busunternehmers? Runde auf 1 Dezimalstelle.

a) Gesamtbetrag bei der Bahn (abzüglich der Freikarten): ______________________

Betrag pro Schüler: ______________________

b) Gesamtbetrag für die ganze Klasse beim Busunternehmen: ______________________

Berechnung des Rabatts: ______________________

____

____

Betrag pro Schüler beim Angebot des Busunternehmens: ______________________

c) Berechnung des Unterschieds in %: ______________________

____

____

Prozentrechnung

1. Tipp: *Aufgaben zur Prozentrechnung sind oft umfangreich. Lies sie deshalb langsam durch, rechne in kleinen Schritten und schreibe auf, was du berechnest.*
2. Tipp: *Achte darauf, ob es sich nicht um einen verminderten oder erhöhten Grundwert handelt. In diesem Fall musst du mit weniger oder mehr als 100 % rechnen.*
3. Tipp: *Achte bei grafischen Darstellungen auf die genauen Zahlenangaben für das Kreisdiagramm. Zeichne genau und beschrifte das Diagramm.*

13. Eine Computerfirma kauft 80 Notebooks zum Stückpreis von 700 € ein. Die Firma kalkuliert mit 20 % Geschäftskosten. Sie legt den Verkaufspreis für ein Gerät auf 1 050 € fest.
Nur 20 % der Ware kann zum geplanten Einzelpreis verkauft werden. 48 weitere Notebooks werden später mit einem Sonderrabatt von 15 % verkauft.
Die restlichen Geräte werden wegen einer Neulieferung zum Einkaufspreis abgegeben.

a) Berechne den geplanten Selbstkostenpreis für die Notebooks.
b) Wie hoch sind die Gesamteinnahmen?
c) Um wie viel Prozent weichen die tatsächlichen Kosten von den geplanten Einnahmen ab?

a) Gesamteinkaufspreis: ______________________

geplante Selbstkosten: ______________________

____

____

Selbstkostenpreis: ______________________

b) 20 % der Notebooks: ______________________

Verkaufspreis für 20 % der Notebooks: ______________________

____

Berechnung des Sonderrabatts: ______________________

Verkaufspreis für 48 Notebooks: ______________________

____

Verkaufspreis für die restlichen Notebooks: ______________________

Gesamteinnahmen: ______________________

c) geplante Gesamteinnahmen: ______________ *Unterschied in €:* ______________

Unterschied der Einnahmen in %: ______________________

____

____

Prozentrechnung

__1. Tipp:__ Aufgaben zur Prozentrechnung sind oft umfangreich. Lies sie deshalb langsam durch, rechne in kleinen Schritten und schreibe auf, was du berechnest.
__2. Tipp__: Achte darauf, ob es sich nicht um einen verminderten oder erhöhten Grundwert handelt. In diesem Fall musst du mit weniger oder mehr als 100 % rechnen.
__3. Tipp:__ Achte bei grafischen Darstellungen auf die genauen Zahlenangaben für das Kreisdiagramm. Zeichne genau und beschrifte das Diagramm.

14. Eine Molkerei füllt Fruchtjogurt in Pfandgläser ab. Jeweils 500 Gramm des Fruchtjogurts werden in ein Pfandglas abgefüllt, das leer 240 Gramm wiegt.

a) Gib den Anteil des Pfandglases am Bruttogewicht eines gefüllten Jogurtglases in Prozent an.

b) Sechs gefüllte Jogurtgläser werden in einen Kunststoffbehälter gestellt. Der Kunststoffbehälter wiegt so viel wie 9 % der in ihm transportierten Ware.
Wie schwer ist ein leerer Kunststoffbehälter?

c) Jürgen hat nachgerechnet: Er verspeiste im vergangenen Jahr 20 kg Fruchtjogurt.
Wie viele Kilogramm Altglas würde es geben, wenn er den Jogurt anstatt in Pfandgläsern in gleich schweren Einweggläsern kaufen würde?

a) Gesamtgewicht des vollen Glases: ____________________

____

Berechnung des Glasanteils: ____________________

____

____

b) Gesamtgewicht der 6 Gläser: ____________________

Gewicht des Kunststoffbehälters: ____________________

____

____

c) Anzahl der Gläser pro Jahr: ____________________

Gewicht des Altglases: ____________________

15. Übungsaufgaben zur Prozentrechnung:

Rechne die fehlenden Werte aus.

	a)	b)	c)	d)	e)	f)
Grundwert	15 000 €	8 200 €	?	25 000 €	17 000 €	?
Prozentwert	1 455 €	?	1 330 €	3 235 €	?	69 €
Prozentsatz	?	4,25 %	7 %	?	3,5 %	11,5 %

Prozentrechnung

1. Tipp: *Aufgaben zur Prozentrechnung sind oft umfangreich. Lies sie deshalb langsam durch, rechne in kleinen Schritten und schreibe auf, was du berechnest.*
2. Tipp: *Achte darauf, ob es sich nicht um einen verminderten oder erhöhten Grundwert handelt. In diesem Fall musst du mit weniger oder mehr als 100 % rechnen.*
3. Tipp: *Achte bei grafischen Darstellungen auf die genauen Zahlenangaben für das Kreisdiagramm. Zeichne genau und beschrifte das Diagramm.*

16. Das Diagramm zeigt die geschätzte Entwicklung der Weltbevölkerung in den verschiedenen Regionen der Erde zwischen 1990 und 2025.

a) Wie viele Menschen werden voraussichtlich im Jahre 2025 auf der Erde insgesamt leben?

b) Stelle die Anteile der Weltbevölkerung für das Jahr 2025 in einem Kreisdiagramm dar ($r = 5$ cm). Runde auf ganze Grad.

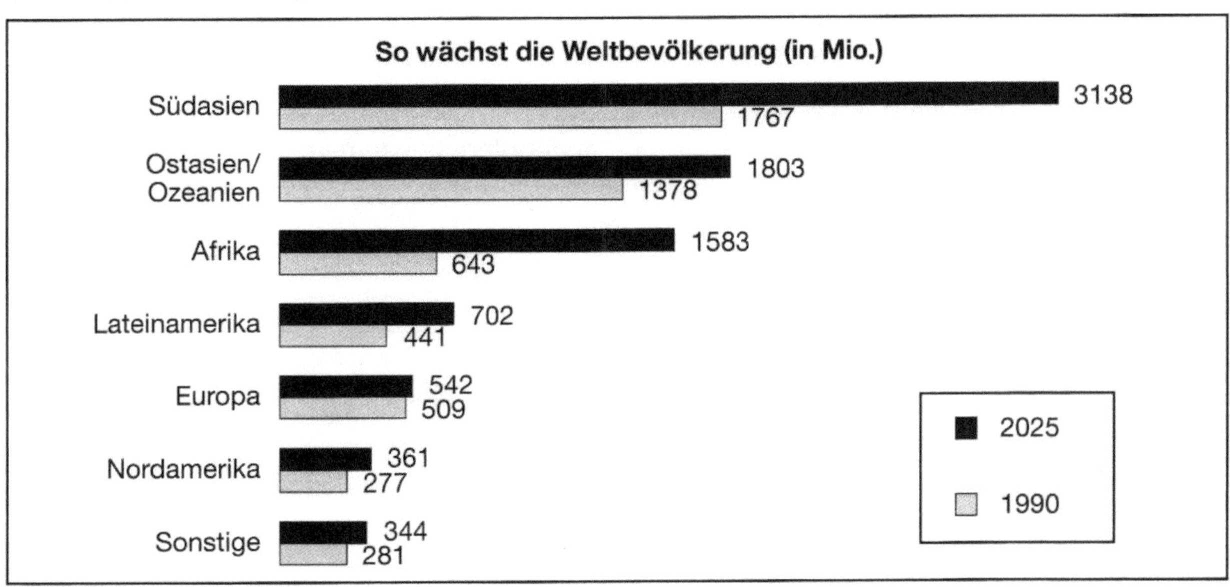

a) *Weltbevölkerung im Jahr 2025:* ____________________ *Mio. Menschen*

b) *Berechnung der Winkelgrade:* *1 Mio. Menschen* ≙ __________ °

Südasien: ____________________

Ostasien / Ozeanien: ____________________

Afrika: ____________________

Lateinamerika: ____________________

Europa: ____________________

Nordamerika: ____________________

Sonstige: ____________________

Zeichne nun auf einem Extrablatt einen Kreis mit dem Radius $r = 5$ cm, trage die einzelnen Anteile für die Weltbevölkerung ein und beschrifte sie.

Zinsrechnung

1. Tipp: *Achte auf den Zeitraum, für den die Zinsen angegeben sind.*
2. Tipp: *Rechne immer mit den Jahreszinsen.*
3. Tipp: *Das Zinsjahr hat immer 360 Tage.*
4. Tipp: *Der Zinsmonat hat immer 30 Tage.*
5. Tipp: *Bei Guthaben (oder Kapital) wird der Einzahlungstag nicht mitgerechnet.*
6. Tipp: *Bei Darlehen (oder Schulden oder Hypothek) werden der erste und der letzte Tag mitgerechnet.*
7. Tipp: *Die Zinsformel erleichtert die Zinsrechnung.*

1. Ein Taxiunternehmer kauft einen Neuwagen zum Preis von 66 000 €.
Das vorherige Fahrzeug wird mit einer Wertminderung von 12 000 € in Zahlung genommen, so dass er noch 75 % des damaligen Neupreises erhält.
An Eigenkapital werden 16 600 € beigesteuert. Den Restbetrag leiht sich der Unternehmer von seiner Bank zu einem Zinssatz von 7,5 %.

a) Errechne den Neupreis des vorherigen Taxis.
b) Wie hoch ist der Restbetrag?
c) Berechne die monatliche Zinsbelastung.
d) Von einer anderen Bank wurde ihm ein Kredit angeboten, bei dem im ersten Jahr 1 038,50 € Zinsen anfallen würden. Bestimme den Zinssatz.

a) Berechnung des Neupreises des vorherigen Taxis: ______________________

____

____

b) Berechnung des Betrages, den das Taxiunternehmen für das vorherige Taxi erhält:

____

Berechnung des Restbetrags: ______________________

____

c) Berechnung der Jahreszinsen: ______________________

____

Berechnung der Monatszinsen: ______________________

d) Berechnung des Zinssatzes: ______________________

____

____

Zinsrechnung

1. Tipp: *Achte auf den Zeitraum, für den die Zinsen angegeben sind.*
2. Tipp: *Rechne immer mit den Jahreszinsen.*
3. Tipp: *Das Zinsjahr hat immer 360 Tage.*
4. Tipp: *Der Zinsmonat hat immer 30 Tage.*
5. Tipp: *Bei Guthaben (oder Kapital) wird der Einzahlungstag nicht mitgerechnet.*
6. Tipp: *Bei Darlehen (oder Schulden oder Hypothek) werden der erste und der letzte Tag mitgerechnet.*
7. Tipp: *Die Zinsformel erleichtert die Zinsrechnung.*

2. Arthur, Bernd und Carmen erben ihr Elternhaus und verkaufen es für 625 500 €. Jeder erhält den gleichen Anteil.
Arthur leiht einem Freund seinen Anteil für 9,5 Monate zu einem Zinssatz von 7,2 %.
Bernd verwendet zwei Drittel seines Anteils für den Erwerb einer kleinen Eigentumswohnung und vermietet dieses für 695 € pro Monat.
Carmen legt einen Teil ihres Geldes neun Monate zu einem Zinssatz von 7,5 % bei einer Bank an und erzielt so 9 000 € an Zinsen.

a) Wie viel Zinsen bekommt Arthur von seinem Freund?
b) Um wie viel Prozent verzinst sich das von Bernd für das Einfamilienhaus verwendete Geld pro Jahr?
c) Wie hoch ist Carmens angelegtes Kapital?

a) Berechnung des Anteils, den jedes der Geschwister erhält: ____________________

Berechnung der Jahreszinsen für Arthurs Anteil:

____

____

____

Berechnung der Zinsen für 9,5 Monate ____________________

b) Berechnung von zwei Drittel von Bernds Anteil: ____________________

jährliche Einnahmen: ____________________

Berechnung des Zinssatzes: ____________________

____

____

c) Berechnung der Jahreszinsen bei Carmens Anteil: ____________________

Berechnung des angelegten Kapitals: ____________________

____

____

____

Zinsrechnung

1. Tipp: *Achte auf den Zeitraum, für den die Zinsen angegeben sind.*
2. Tipp: *Rechne immer mit den Jahreszinsen.*
3. Tipp: *Das Zinsjahr hat immer 360 Tage.*
4. Tipp: *Der Zinsmonat hat immer 30 Tage.*
5. Tipp: *Bei Guthaben (oder Kapital) wird der Einzahlungstag nicht mitgerechnet.*
6. Tipp: *Bei Darlehen (oder Schulden oder Hypothek) werden der erste und der letzte Tag mitgerechnet.*
7. Tipp: *Die Zinsformel erleichtert die Zinsrechnung.*

3. Herr Moser baut ein Haus für 504 000 €. Sein Eigenkapital beträgt 234 000 €. Von seinem Arbeitgeber erhält er ein Darlehen von 54 000 € zu einem Zinssatz von 1,5 %. Das restliche Geld leiht er sich von seiner Bank zu einem Zinssatz von 4,5 %.
Im neuen Haus vermietet er eine kleine Wohnung für 432 € monatlich. In diesem Betrag sind 20 % Nebenkosten enthalten.

a) Wie hoch ist die jährliche Zinsbelastung von Herrn Moser?
b) Wie viel muss er monatlich auf die Miete (ohne Nebenkosten) drauflegen, um seine Zinsbelastung begleichen zu können?

a) *Berechnung des Restbetrages:* ____________________

Berechnung der Jahreszinsen für das Arbeitgeberdarlehen:

____

____

____

Berechnung der Jahreszinsen für das Bankdarlehen:

____

____

____

jährliche Zinsbelastung: ____________________

b) *Berechnung der Monatsmiete ohne Nebenkosten:*

____

____

____

Berechnung der monatlichen Zinsbelastung: ____________________

Berechnung des Unterschiedsbetrages: ____________________

Zinsrechnung

1. Tipp: Achte auf den Zeitraum, für den die Zinsen angegeben sind.
2. Tipp: Rechne immer mit den Jahreszinsen.
3. Tipp: Das Zinsjahr hat immer 360 Tage.
4. Tipp: Der Zinsmonat hat immer 30 Tage.
5. Tipp: Bei Guthaben (oder Kapital) wird der Einzahlungstag nicht mitgerechnet.
6. Tipp: Bei Darlehen (oder Schulden oder Hypothek) werden der erste und der letzte Tag mitgerechnet.
7. Tipp: Die Zinsformel erleichtert die Zinsrechnung.

4. Uwe sieht bei einem Fahrradhändler ein Mountainbike zu einem Aktionspreis von 1 480 €. Bei Barzahlung gewährt der Händler 2 % Skonto.

a) Uwe zahlt bar. Er hatte auf seinem Girokonto ein Guthaben von 550,40 €. Um welchen Betrag musste er überziehen?

b) Wie hoch sind die Überziehungszinsen für 27 Tage bei einem Zinssatz von 12,5 %? Runde das Ergebnis auf zwei Dezimalstellen.

c) Welchen Betrag spart Uwe durch Barzahlung?

d) Ab wie vielen Tagen würde sich die Kontoüberziehung für ihn nicht mehr lohnen?

a) *Berechnung des Barzahlungspreises:* ______________________

____

____

Berechnung der Kontoüberziehung: ______________________

b) *Berechnung der Jahreszinsen:* ______________________

____

____

Berechnung der Zinsen für 27 Tage: ______________________

c) *gesparter Betrag bei Barzahlung : (vergiss die Zinsen nicht):* ______________________

d) Berechnung der Überziehungszinsen für einen Tag:

____

Berechnung der Tage, bis sich eine Kontoüberziehung nicht mehr lohnt:

____

Das Zins- und Promillerechnen wird ausführlich im Teil 5 der Reihe Nachhilfe Mathematik „Zins- und Promillerechnen“ behandelt.

Zinsrechnung

1. Tipp: *Achte auf den Zeitraum, für den die Zinsen angegeben sind.*
2. Tipp: *Rechne immer mit den Jahreszinsen.*
3. Tipp: *Das Zinsjahr hat immer 360 Tage.*
4. Tipp: *Der Zinsmonat hat immer 30 Tage.*
5. Tipp: *Bei Guthaben (oder Kapital) wird der Einzahlungstag nicht mitgerechnet.*
6. Tipp: *Bei Darlehen (oder Schulden oder Hypothek) werden der erste und der letzte Tag mitgerechnet.*
7. Tipp: *Die Zinsformel erleichtert die Zinsrechnung.*

5. Pia hat geerbt. $\frac{7}{9}$ des Geldes investiert sie in eine Eigentumswohnung, die sie vermietet. Den Rest legt sie auf der Bank zu einem Zinssatz von 4,5 % an.

a) Nach zwölf Monaten werden 1 800 € auf ihr Girokonto überwiesen. Wie hoch ist die Bankeinlage?
b) Wie viel kostete die Eigentumswohnung?
c) Pia erhält durch die Vermietung monatlich 448 €. Mit welchem Zinssatz verzinst sich damit der Kaufpreis in einem Jahr?
d) Um wie viele € müsste sie die Monatsmiete erhöhen, um dieselbe Verzinsung wie auf der Bank zu haben?

a) *Berechnung der Bankeinlage:* ______________________________

____

____

b) *Berechnung des Kaufpreises für die Wohnung:* ______________________________

c) *Berechnung der Jahresmiete:* ______________________________

Berechnung des Zinssatzes: ______________________________

____

____

d) *jährliche Verzinsung des Kaufpreises der Eigentumswohnung:* ______________________________

____

____

monatliche Zinseinnahmen: ______________________________

Berechnung des Unterschieds: ______________________________

Zinsrechnung

***1. Tipp:** Achte auf den Zeitraum, für den die Zinsen angegeben sind.*
***2. Tipp:** Rechne immer mit den Jahreszinsen.*
***3. Tipp:** Das Zinsjahr hat immer 360 Tage.*
***4. Tipp:** Der Zinsmonat hat immer 30 Tage.*
***5. Tipp:** Bei Guthaben (oder Kapital) wird der Einzahlungstag nicht mitgerechnet.*
***6. Tipp:** Bei Darlehen (oder Schulden oder Hypothek) werden der erste und der letzte Tag mitgerechnet.*
***7. Tipp:** Die Zinsformel erleichtert die Zinsrechnung.*

6. Frau Sommer hatte im vorletzten Jahr ein Kapital zu 2,7 % Jahreszinssatz für 11 Monate angelegt. Zum Jahresende erhält sie 1 485 € Zinsen. Dieser Betrag wird zusammen mit dem alten Kapital für das ganze Folgejahr festgelegt.
Zum 1. Januar bekommt sie dann 1 844,55 € Zinsen gutgeschrieben.

a) Welchen Betrag legte Frau Sommer im letzten Jahr an?
b) Welchen Zinssatz gewährt die Bank im Jahr im letzten Jahr?
c) Um wie viel Prozent hat sich das Kapital durch die Zinsen insgesamt erhöht oder verringert? Runde auf 1 Stelle nach dem Komma.

a) Berechnung der Jahreszinsen: ______________________

Berechnung des Kapitals:

____

____

____

b) Berechnung des Kapitals für das letzte Jahr: ______________________

Berechnung des Zinssatzes:

____

____

____

c) Berechnung der Gesamtzinsen: ______________________

____

Berechnung der Steigerung oder Verringerung:

____

____

Zinsrechnung

1. Tipp: *Achte auf den Zeitraum, für den die Zinsen angegeben sind.*
2. Tipp: *Rechne immer mit den Jahreszinsen.*
3. Tipp: *Das Zinsjahr hat immer 360 Tage.*
4. Tipp: *Der Zinsmonat hat immer 30 Tage.*
5. Tipp: *Bei Guthaben (oder Kapital) wird der Einzahlungstag nicht mitgerechnet.*
6. Tipp: *Bei Darlehen (oder Schulden oder Hypothek) werden der erste und der letzte Tag mitgerechnet.*
7. Tipp: *Die Zinsformel erleichtert die Zinsrechnung.*

7. Frau Müller verkauft ihr Geschäft für 540 000 €. Davon behält sie 160 000 € für sich, den Rest bekommen ihre beiden Söhne Hans und Anton je zur Hälfte.

a) Frau Müller legt ihren Teil so an, dass sie monatlich Zinsen in Höhe von 600 € erhält.
Wie hoch ist der Zinssatz?

b) Hans kauft mit seinem Anteil eine Eigentumswohnung. Als Miete nimmt er jährlich 3,75 % des Kaufpreises ein.140 € bezahlt er monatlich an Kosten.
Wie viele Euro bleiben Hans monatlich von der Miete?

c) Anton leiht von seinem Anteil einem Freund Geld zum Aufbau eines Geschäfts. Nach 8 Monaten zahlt ihm dieser einen Gewinnanteil von 5 550 €. Damit hat sich sein eingesetztes Kapital mit 7,4 % verzinst.
Das Restkapital hat er in dieser Zeit mit demselben Zinssatz bei einer Bank angelegt. Wie viele Euro hat es ihm eingebracht? (Runde auf ganze Zahlen!)

a) Berechnung der Jahreszinsen: ______________________________

Berechnung des Zinssatzes: ______________________________

____

____

b) Berechnung der Anteile von Hans und Anton: ______________________________

Berechnung der Jahresmiete: ______________________________

____

____

Berechnung der Monatsmiete: ______________________________

Berechnung der tatsächlichen monatlichen Einnahme: ______________________________

c) Berechnung des Gewinns von Antons Anteil in einem Jahr: ______________________________

Berechnung des verliehenen Kapitals: ______________________________

____

____

____

Berechnung des Restkapitals: ______________________

Berechnung der Jahreszinsen dafür: ______________________

____

____

Gewinn in 8 Monaten: ______________________

8. Übungsaufgaben zur Zinsrechnung:

Rechne die fehlenden Werte mit dem Taschenrechner aus. Runde bei Euro auf zwei Stellen, bei Prozent und Zeit auf eine Stelle nach dem Komma.

	a)	b)	c)	d)	e)	f)
Kapital	60 000 €	2 500 €	?	70 740 €	15 000 €	?
Zinsen	1 827 €	?	680 €	1 179 €	?	11 120 €
Zinssatz	?	2,5 %	6,8 %	4 %	0,5 %	4,25 %
Zeit (Monat)	7	5	2	?	9	10

	g)	h)	i)	j)	k)	l)
Kapital	400 000 €	23 630 €	?	658 000 €	101 500 €	?
Zinsen	3 000 €	?	4 800 €	13 160 €	?	120 €
Zinssatz	6 %	2,5 %	6,8 %	9 %	5,2 %	1,25 %
Zeit (Tage)	?	200	100	?	70	300

	m)	n)	o)	p)	q)	r)
Kapital	350 000 €	24 500 €	?	150 000 €	1 500 €	?
Zinsen	16 800 €	?	25 680 €	15 000 €	?	200,20 €
Zinssatz	?	8,1 %	7 %	6 %	3,5 %	5,5 %
Zeit	250 Tage	3 Monate	400 Tage	?	4 Monate	160 Tage

Promillerechnung

1. Tipp: Mit ‰ gibt man kleine Werte an.
2. Tipp: Aufgaben zur Promillerechnung sind oft mit Aufgaben anderer Art vermischt.
3. Tipp: Sie werden nach dem gleichen Schema wie Aufgaben der Prozentrechnung gelöst.
4. Tipp: Der Grundwert ist allerdings immer 1000 ‰.
5. Tipp. Wenn du mit dem Taschenrechner rechnest, kannst du nicht die Prozenttaste benutzen.

1. Apotheker Müller stellt Arzneimittel her.
a) Der Alkoholgehalt eines Hustensaftes beträgt 4,0 Promille. Wie viel Alkohol braucht er für 21 Flaschen mit je 160 ml Inhalt?
b) Für 15 Tuben Nasensalbe mit je 30 ml Inhalt verarbeitet Apotheker Müller 4,05 ml Alkohol. Berechne den Alkoholanteil in Promille.
c) Wie viele Flaschen Ohrentropfen mit je 50 ml kann er abfüllen, wenn hier der Alkoholgehalt 3,5 Promille beträgt und er 7 ml Alkohol verwendet?

a) *Berechnung der Saftmenge:* ______________________

Berechnung der Alkoholmenge: ______________________

____

____

b) *Berechnung der Gesamtmenge Nasensalbe:* ______________________

Berechnung des Alkoholanteils: ______________________

____

____

c) *Berechnung der Gesamtmenge Ohrentropfen:* ______________________

____

____

Berechnung der Flaschenzahl: ______________________

2. Übungsaufgaben zur Promillerechnung:

Rechne die fehlenden Werte mit dem Taschenrechner aus.

	a)	b)	c)	d)	e)	f)
Grundwert	150 000 €	65 000 €	?	88 000 €	75 000 €	?
Promillewert	795 €	?	1 485 €	396 €	?	1 080 €
Promillesatz	?	4,5 ‰	9 ‰	?	1,07 ‰	7,2 ‰

Promillerechnung

1. Tipp: *Mit ‰ gibt man kleine Werte an.*
2. Tipp: *Aufgaben zur Promillerechnung sind oft mit Aufgaben anderer Art vermischt.*
3. Tipp: *Sie werden nach dem gleichen Schema wie Aufgaben der Prozentrechnung gelöst.*
4. Tipp: *Der Grundwert ist allerdings immer 1000 ‰.*
5. Tipp*. Wenn du mit dem Taschenrechner rechnest, kannst du nicht die Prozenttaste benutzen.*

3. Herr Walde schließt eine Lebensversicherung über 30 000 € ab und zahlt für eine Laufzeit von 25 Jahren monatlich 96 €.

a) Wie viel Promille der Versicherungssumme beträgt der jährliche Beitrag?

b) Als Rückvergütung erhält Herr Walde im ersten Jahr 16 ‰ der Versicherungssumme. Wie hoch ist der Betrag?

c) Für seine Hausratversicherung zahlt er bei 1,75 ‰ Prämie vierteljährlich 87,50 €. Berechne die Höhe der Versicherungssumme.

a) *Berechnung der Jahresprämie:* ____________________

Berechnung des Promillesatzes: ____________________

____

____

b) *Berechnung der Rückvergütung:* ____________________

____

____

c) *Berechnung der Jahresprämie:* ____________________

Berechnung der Versicherungssumme: ____________________

____

____

4. Übungsaufgaben zur Promillerechnung:

Rechne die fehlenden Werte aus.

	a)	b)	c)	d)	e)	f)
Grundwert	200 000 €	40 000 €	?	80 000 €	35 000 €	?
Promillewert	700 €	?	930 €	384 €	?	567 €
Promillesatz	?	2,5 ‰	6,2 ‰	?	1,07 ‰	8,1 ‰

Promillerechnung

1. Tipp: *Mit ‰ gibt man kleine Werte an.*
2. Tipp: *Aufgaben zur Promillerechnung sind oft mit Aufgaben anderer Art vermischt.*
3. Tipp: *Sie werden nach dem gleichen Schema wie Aufgaben der Prozentrechnung gelöst.*
4. Tipp: *Der Grundwert ist allerdings immer 1000 ‰.*
5. Tipp*. Wenn du mit dem Taschenrechner rechnest, kannst du nicht die Prozenttaste benutzen.*

5. Beim An- oder Verkauf von Wertpapieren steht dem Börsenmakler eine Provision von 1,2 ‰ des Kurswertes der gehandelten Wertpapiere zu.

a) Berechne die Maklerprovision beim Kauf von 150 Aktien zum Kurswert von je 434 €.

b) Bei einem anderen Geschäft konnte der Makler 74,64 € an Provision erzielen. Wie hoch war der Kurswert einer Aktie, wenn 200 Stück verkauft wurden?

c) Wie viele Aktien konnte er vermitteln, wenn der Kurswert einer Aktie bei 890 € lag und eine Provision von 26,70 € fällig wurde?

a) *Berechnung des Gesamtwerts der Aktien:* ________________

Berechnung der Maklerprovision: ________________

____

____

b) *Provision pro Aktie:* ________________

Berechnung des Kurswertes einer Aktie: ________________

____

____

c) *Berechnung der Provision pro Aktie:* ________________

____

____

Berechnung der Anzahl der Aktien: ________________

6. Übungsaufgaben zur Promillerechnung:

Rechne die fehlenden Werte aus.

	a)	b)	c)	d)	e)	f)
Grundwert	400 000 €	90 000 €	?	100 000 €	46 000 €	?
Promillewert	700 €	?	397,50 €	98 €	?	900 €
Promillesatz	?	2,7 ‰	0,75 ‰	?	4,04 ‰	7,5 ‰

Verhältnisrechnung

1. Tipp: *Bei Verhältnisrechnungen wird das Zahlenverhältnis entweder bereits in kleinen ganzen Zahlen angeben oder du erhältst die einzelnen Mengenangaben.*
2. Tipp: *Um Verhältnisse in kleinstmöglichen Zahlen auszudrücken, kürzt du sie wie Brüche.*
3. Tipp: *Aus dem Mischungsverhältnis erfährst du die Gesamtzahl der Anteile.*
4. Tipp: *Eine Verhältnisgleichung löst du, indem du das Produkt der Innenglieder dem Produkt der Außenglieder gleichsetzt und dann wie bei einer Gleichung die Unbekannte x ausrechnest.*

1. Ein Kartenspiel besteht aus insgesamt 36 Spielkarten mit unterschiedlichen Punktwerten:

Normalkarten:	5	Punkte je Karte
Aktionskarten:	10	Punkte je Karte
Bonuskarten:	15	Punkte je Karte
Joker:	25	Punkte je Karte

Das Verhältnis beträgt:

Normalkarten	:	Aktionskarten	:	Bonuskarten	:	Joker
4	:	2	:	2	:	1

a) Wie viele Karten jeder Sorte sind im Kartenspiel?
b) Wie viele Punkte haben alle Karten zusammen?
c) Am Ende eines Spiels hat Franz dreimal soviel Punkte wie der Rest der Mitspieler zusammen. Mit welcher Punktzahl hat er gewonnen?
d) Ein anderes Kartenspiel hat 52 Karten. Könnten diese auch im Verhältnis 4 : 2 : 2 : 1 verteilt sein? Begründe.

a) Berechnung der Gesamtteile: ____________________

1 Teil entspricht ____________ *Karten*

Anzahl der einzelnen Karten: ________ *Normalkarten* ________ *Aktionskarten*

________ *Bonuskarten* ________ *Joker*

b) Berechnung der Gesamtpunkte: *Normalkarten:* ________ *Aktionskarten:* ________

Bonuskarten: ________ *Joker:* ________

insgesamt: ____________ *Punkte*

c) Berechnung der Punkte der Siegers: ____________________

____

d) Verteilung der Karten bei 52 Karten: ____________________

____

Sie sind verteilbar / nicht verteilbar.

Verhältnisrechnung

1. Tipp: *Bei Verhältnisrechnungen wird das Zahlenverhältnis entweder bereits in kleinen ganzen Zahlen angeben oder du erhältst die einzelnen Mengenangaben.*
2. Tipp: *Um Verhältnisse in kleinstmöglichen Zahlen auszudrücken, kürzt du sie wie Brüche.*
3. Tipp: *Aus dem Mischungsverhältnis erfährst du die Gesamtzahl der Anteile.*
4. Tipp: *Eine Verhältnisgleichung löst du, indem du das Produkt der Innenglieder dem Produkt der Außenglieder gleichsetzt und dann wie bei einer Gleichung die Unbekannte x ausrechnest.*
5. Tipp: *Das Verhältnis 5 : 4 wird so gesprochen: „fünf zu vier".*

2. Drei Gemeinden, die in einem Schulverband zusammengeschlossen sind, planen die Erweiterung ihrer Verbandsschule.
Die Kosten belaufen sich auf 2,2 Mio. €. Der Staat gibt einen Zuschuss von 30 %. Weitere 40 000 € können durch Eigenleistung bei der Gestaltung des Schulhofes und der Innenausstattung eingespart werden. Das restliche Geld müssen die Gemeinden im Verhältnis ihrer Einwohnerzahlen selbst aufbringen.
Gemeine A hat 3 000 Einwohner, Gemeinde B hat 4 500 Einwohner, Gemeinde C hat 10 500 Einwohner.

a) Berechne den Zuschuss des Staates.
b) Wie viel Geld müssen die Gemeinden zusammen aufbringen?
c) Berechne die Höhe der Baukosten der einzelnen Gemeinden.

a) Berechnung des Zuschusses: ______________________________

____

____

b) Berechnung der Summe, die die Gemeinden zusammen aufbringen müssen:

____

____

____

c) Berechnung der Baukosten für die einzelnen Gemeinden:

Gemeinde A : Gemeinde B : Gemeinde C = __________ : __________ : __________

gekürzt: A : B : C = ________ : ________ : ________

________ *Gesamtteile*

Gemeinde A muss zahlen: ______________________________

Gemeinde B muss zahlen: ______________________________

Gemeinde C muss zahlen: ______________________________

Verhältnisrechnung

1. Tipp: *Bei Verhältnisrechnungen wird das Zahlenverhältnis entweder bereits in kleinen ganzen Zahlen angeben oder du erhältst die einzelnen Mengenangaben.*
2. Tipp: *Um Verhältnisse in kleinstmöglichen Zahlen auszudrücken, kürzt du sie wie Brüche.*
3. Tipp: *Aus dem Mischungsverhältnis erfährst du die Gesamtzahl der Anteile.*
4. Tipp: *Eine Verhältnisgleichung löst du, indem du das Produkt der Innenglieder dem Produkt der Außenglieder gleichsetzt und dann wie bei einer Gleichung die Unbekannte x ausrechnest.*

3. Eine kleine Möbelschreinerei musste wegen Auftragsrückgang Konkurs anmelden. Vier Lieferanten hatten noch folgende Forderungen:

A: 21 250 €
B: 12 750 €
C: 17 000 €
D: 8 500 €

Durch den Verkauf der Schreinerei konnten 46 720 € erzielt werden. 35 % des Erlöses wurden für das Begleichen von Steuerschulden und 1 668 € Gerichtskosten verwendet.

a) Gib das Verhältnis der Forderungen der vier Lieferanten in kleinstmöglichen ganzen Zahlen an.
b) Welcher Betrag konnte nach Abzug der Steuerschuld und der Gerichtskosten noch verteilt werden?
c) Dieser Betrag wurde unter den Lieferanten im Verhältnis ihrer Forderungen aufgeteilt. Wie viele Euro erhielt jeder der vier Lieferanten?
d) Wie viel Prozent der Forderungen der Lieferanten konnte nicht gedeckt werden?

a) Verhältnis der Forderungen: A : B : C : D = ________ : ________ : ________ : ________

gekürzt: A : B : C : D = ______ : ______ : ______ : ______ = _____ Anteile

b) Berechnung des Erlöses: ______________________________

____

____

Berechnung der Restsumme: ______________________________

c) Wert eines Anteils: ______________________________

A erhält: ____________ *B erhält:* ____________

C erhält: ____________ *C erhält:* ____________

d) Gesamtforderung: ____________________ *erhalten:* ____________________

Berechnung des Prozentsatzes: ______________________________

____

____

Verhältnisrechnung – Legierungen

Tipp: Eine Legierung ist eine Mischung von Metallen.

__1. Tipp:__ Der Stempelaufdruck auf Münzen oder Schmuckstücken gibt den Anteil des Edelmetalls an.
__2. Tipp:__ Ein Stempelaufdruck 585 bedeutet: in 1 000 g Gesamtgewicht sind 585 g Gold enthalten.
__3. Tipp:__ Die Bezugsgröße ist immer 1 000, deshalb kannst du auch mit Promille rechnen.
__4. Tipp:__ Um Verhältnisse in kleinstmöglichen Zahlen auszudrücken, kürzt du sie wie Brüche.
__5. Tipp:__ Eine Verhältnisgleichung löst du, indem du das Produkt der Innenglieder dem Produkt der Außenglieder gleichsetzt und dann wie bei Gleichung die einer Unbekannte x ausrechnest.

4. Messing ist eine Legierung aus Kupfer und Zink. Für ein Werkstück aus Messing wurden 624 g Kupfer und 336 g Zink verwendet.

a) Gib das Verhältnis der Anteile in kleinstmöglichen ganzen Zahlen an.
b) Wie hoch sind die Anteile in Prozent?
c) Bei einem weiteren Werkstück, das nach dem gleichen Mischungsverhältnis hergestellt worden ist, beträgt der Zinkanteil 350 g.
Berechne den Kupferanteil in Gramm.

a) Kupfer : Zink = 624 : 336

Kupfer : Zink = ____________________

b) Gesamtgewicht: ____________________

Prozentanteil von Kupfer: ____

____

____

Prozentanteil von Zink: ____

____

c) Kupfer : Zink = x : 350 ____

Verhältnisgleichung ____

____

____

____

Verhältnisrechnung – Legierungen

Tipp: Eine Legierung ist eine Mischung von Metallen.

__1. Tipp:__ Der Stempelaufdruck auf Münzen oder Schmuckstücken gibt den Anteil des Edelmetalls an.
__2. Tipp:__ Ein Stempelaufdruck 585 bedeutet: in 1000 g Gesamtgewicht sind 585 g Gold enthalten.
__3. Tipp:__ Die Bezugsgröße ist immer 1000, deshalb kannst du auch mit Promille
__5. Tipp:__ Eine Verhältnisgleichung löst du, indem du das Produkt der Innenglieder dem Produkt der Außenglieder gleichsetzt und dann wie bei einer Gleichung die Unbekannte x ausrechnest.

5. Auf Schmuckstücken sind zur Kennzeichnung des Reinmetallgehalts in Promille die Zahlen 333, 585, 750, 835, 900 oder 925 eingeschlagen.
1 Kilogramm Feingold kostet zur Zeit 34 820 €.
1 Kilogramm Feinsilber kostet zur Zeit 480 €.

a) Ein Silberring wird für 160 € verkauft. Dabei entfallen 2,5 % des Preises auf den Feinsilberanteil.
Welche Menge Feinsilber enthält der Ring?

b) Wie teuer müsste eine 585er Goldkette mit 25 Gramm Gesamtmasse verkauft werden, wenn der Juwelier zusätzlich zum Feingoldpreis für weitere Kosten und Gewinn 500 € veranschlagt?
Runde alle Ergebnisse auf 2 Dezimalstellen!

a) Berechnung des Feinsilberanteils in €: ______________________

____

____

____

Berechnung der Feinsilbermenge: ______________________

____

____

b) Berechnung des Goldanteils an der Gesamtmasse: ______________________

____

____

Berechnung des Goldpreises: ______________________

____

Gesamtpreis: ______________________

____

Verhältnisrechnung – Legierungen

Tipp: Eine Legierung ist eine Mischung von Metallen.

__1. Tipp:__ Der Stempelaufdruck auf Münzen oder Schmuckstücken gibt den Anteil des Edelmetalls an.
__2. Tipp:__ Ein Stempelaufdruck 585 bedeutet: in 1000 g Gesamtgewicht sind 585 g Gold enthalten.
__3. Tipp:__ Die Bezugsgröße ist immer 1000, deshalb kannst du auch mit Promille rechnen.
__4. Tipp:__ Um Verhältnisse in kleinstmöglichen Zahlen auszudrücken, kürzt du sie wie Brüche.
__5. Tipp:__ Eine Verhältnisgleichung löst du, indem du das Produkt der Innenglieder dem Produkt der Außenglieder gleichsetzt und dann wie bei einer Gleichung die Unbekannte x ausrechnest.

6. Ein Goldschmied hat einen 30 g-Barren einer Legierung (Metallmischung) aus Gold und Kupfer mit dem Stempel 900 (= 900 ‰ Goldanteil).

a) Wie viel Gold (in Gramm) enthält die Legierung?

b) Aus dem Barren will der Goldschmied Schmuckstücke mit dem Stempel 585 herstellen. Dazu erhöht er den Anteil von Kupfer in der Legierung. Wie viel Kupfer (in Gramm) muss der Goldschmied zu dem bereits vorhandenen Kupfer hinzufügen?
Runde die Ergebnisse auf Tausendstel!

a) Berechnung des Goldanteils: ______________________

____

____

b) Anteil des Kupfers im 30-g-Barren:

____

____

Anteil des Kupfers beim Stempelaufdruck 585:

____

____

Anteil des Kupfers in einem 30-g-Barren mit dem Stempel 585:

____

____

fehlende Menge:

____

Verhältnisrechnung – Lösungen / Verdünnungen

1. Tipp: *Der Gehalt von Lösungen oder Verdünnungen wird in Prozent gemessen.*
2. Tipp: *Ein Liter 40 %ige Lösung entspricht deshalb 0,4 Lösungsanteile, 2 Liter der gleichen Lösung 0,8 Lösungsanteile usw.*
3. Tipp: *Um den Gehalt einer Lösung festzustellen, stellt man am besten eine Gleichung auf, wobei der Gesamtgehalt der Lösung x entspricht.*
4. Tipp: *Die Gleichung wird dann nach dem bekannten Schema gelöst.*

7. In einem Kurheim werden Solebäder mit verschiedenem Salzgehalt verordnet.

a) Ein Bademeister soll aus 150 Litern 32 %iger Sole durch Zugabe von Leitungswasser eine 12 %ige Sole herstellen. Wie viele Liter der verdünnten Flüssigkeit erhält er?

b) Er mischt 200 Liter 27%iger Sole mit 100 Litern Leitungswasser. Welchen Solegehalt erhält er?

a) Anteil der 32 %igen Sole: ______________________

Anteil des Leitungswassers: ______________________

Gleichung: ______________________

____

____

____

____

Literzahl: ______________________

b) Anteil der 27 %igen Sole: ______________________

Anteil des Leitungswassers: ______________________

Anteil neuen Sole: ______________________

Gleichung: ______________________

____

____

____

____

Salzgehalt der neuen Sole: ______________________

Verhältnisrechnung – Säuren

1. Tipp: *Der Gehalt von Säuren oder Basen (Laugen) wird in Prozent gemessen.*
2. Tipp: *Ein Liter 40 %ige Säure entspricht deshalb 0,4 Säureanteile, 2 Liter der gleichen Säure 0,8 Säureanteile usw.*
3. Tipp: *Um den Säuregehalt einer Säuremischung festzustellen, stellt man am besten eine Gleichung auf, wobei der Gesamtsäuregehalt der Mischung x entspricht.*
4. Tipp: *Die Gleichung wird dann nach dem bekannten Schema gelöst.*

8. In einem Laboratorium sind 80 %ige und 30 %ige Schwefelsäure vorhanden. Für die beabsichtigten Versuche sind die beiden Säuren für sich allein nicht geeignet. Sie sollen darum im Verhältnis 3 : 7 gemischt werden. Es wird eine Menge von 8 Litern benötigt.

c) Wie viele Liter 80 %ige Säure und wie viele Liter 30 %ige Säure müssen gemischt werden?

d) Wie hoch ist der Säuregehalt der Mischung?

a) Das Verhältnis 3 : 7 ergibt: ____________ *Teile*

8 Liter Säure aufgeteilt im Verhältnis 3 : 7 ergibt:

____________________________ *Liter 80 %ige Säure*

____________________________ *Liter 30 %ige Säure*

b) Gleichung: ____

____

____

____

Säuregehalt der Mischung: ____________________

9. Übungsaufgaben zur Verhältnisrechnung:

Rechne die fehlenden Werte aus.

	a)	b)	c)	d)	e)	f)
Menge 1. Säure	3 l	?	2 l	10 l	2,5 l	2 l
Gehalt 1. Säure	40 %	50 %	?	30 %	40 %	38 %
Menge 2. Säure	5 l	4 l	3 l	?	5,5 l	4
Gehalt 2. Säure	20 %	80 %	50 %	5 %	?	3,5 %
Säuregehalt der Mischung	?	62 %	46 %	10 %	67,5 %	?

Verhältnisrechnung – Mischungen

1. Tipp: *Bei Mischungen wird das Mischungsverhältnis entweder bereits in kleinen ganzen Zahlen angeben oder du erhältst die einzelnen Mengenangaben.*
2. Tipp: *Um Verhältnisse in kleinstmöglichen Zahlen auszudrücken, kürzt du sie wie Brüche.*
3. Tipp: *Aus dem Mischungsverhältnis erfährst du die Gesamtzahl der Anteile.*
4. Tipp: *Eine Verhältnisgleichung löst du, indem du das Produkt der Innenglieder dem Produkt der Außenglieder gleichsetzt und dann wie bei einer Gleichung die Unbekannte x ausrechnest.*

10. Zur Abschlussfeier bereitet die Hauswirtschaftsgruppe einen Salat für das kalte Büfett nach folgendem Rezept vor:
150 g Nudeln, 120 g gekochter Schinken gewürfelt, 90 g Käse gewürfelt, 75 g Mayonnaise und 15 g Gewürze (Salz, Pfeffer, Curry).

a) Gib das Mischungsverhältnis in möglichst kleinen Zahlen an.
b) Es stehen 1,8 kg gekochter Schinken zur Verfügung. Welche Menge jeder der weiteren Zutaten wird benötigt?
c) Berechne, in wie viele Portionen zu je 150 g der fertige Salat aufgeteilt werden kann, wenn zu berücksichtigen ist, dass sich das Gewicht der Nudeln bei der Zubereitung verdoppelt.

a) Berechnung des Mischungsverhältnisses:

Nudeln : Schinken : Käse : Mayonnaise : Gewürze =

________ : ________ : ________ : ________ : ________

gekürzt: ________ : ________ : ________ : ________ : ________

b) 1 800 g Schinken = 8 Teile

1 Teil Schinken = ____________ *g*

Anteil Nudeln: ____________ *g*

Anteil Käse: ____________ *g*

Anteil Mayonnaise: ____________ *g*

Anteil Gewürze: ____________ *g*

c) Gesamtmenge Salat:

Anteil Nudeln · 2 + Anteil Schinken + Anteil Käse + Anteil Mayonnaise + Anteil Gewürze

________________________ ≙ ____________ *g*

Berechnung der Portionen: ________________________

____

Verhältnisrechnung – Mischungen

***1. Tipp:** Bei Mischungen wird das Mischungsverhältnis entweder bereits in kleinen ganzen Zahlen angeben oder du erhältst die einzelnen Mengenangaben.*
***2. Tipp:** Um Verhältnisse in kleinstmöglichen Zahlen auszudrücken, kürzt du sie wie Brüche.*
***3. Tipp:** Aus dem Mischungsverhältnis erfährst du die Gesamtzahl der Anteile.*
***4. Tipp:** Eine Verhältnisgleichung löst du, indem du das Produkt der Innenglieder dem Produkt der Außenglieder gleichsetzt und dann wie bei einer Gleichung die Unbekannte x ausrechnest.*

11. Ein Gewürzhändler mischt Pfeffer, Paprika und Cayenne zu „Hot Pepper". Das Mischungsverhältnis beträgt 5 : 2 : 1.
Der Selbstkostenpreis pro Kilogramm Gewürz beträgt:

Pfeffer	16 €
Paprika	29 €
Cayenne	26 €

a) Wie viel Kilogramm Pfeffer, Paprika und Cayenne werden für 120 kg „Hot Pepper" benötigt?
b) Welche Menge ist in einem Glas, wenn die 120 kg „Hot Pepper" in 1 600 Gläser umgefüllt werden?
c) Der Verkaufspreis je Glas beträgt 2,46 €. Mit viel Prozent Gewinn wurde dabei kalkuliert?

a) Pfeffer : Paprika : Cayenne = _____ : _____ : _____ : = _____ Teile

Menge eines Teils: ______________________________

Anteil Pfeffer: __________ *Anteil Paprika:* __________ *Anteil Cayenne:* __________

b) Berechnung der Gesamtmenge: ______________________________

Berechnung der Menge eines Glases: ______________________________

____

c) Berechnung des Preises der gesamten Mischung:

Pfeffer: __________ *Paprika:* __________ *Cayenne:* __________

Gesamtpreis: ______________________________

Einnahmen: ______________________________

Überschuss: ______________________________

Berechnung des Gewinns: ______________________________

____

____

Zuordnungen

Tipp: Unterstreiche die Zwischenergebnisse, da du sie oft für die Gesamtberechnung benötigst.

1. Tipp: *Denke beim Umrechnen von Stunden in Minuten daran, dass eine Stunde 60 Minuten hat, das heißt, die Stelle nach dem Komma entspricht 6 Minuten.*
2. Tipp: *Rechne die gesamte Arbeitszeit aus, die zu leisten ist.*
3. Tipp: *Rechne die Arbeitszeit aus, die bis zur ersten Veränderung geleistet wurde.*
4. Tipp: *Berücksichtige die veränderten Größen, wenn du bis zur nächsten Veränderung rechnest.*

1. Ein Autobahnstück muss termingerecht fertig gestellt werden. 72 Arbeiter benötigen dafür bei einer täglichen Arbeitszeit von 8 Stunden 180 Tage. Wegen starker Regenfälle muss die Arbeit nach 30 Tagen für 6 Tage unterbrochen werden.

a) Wie viele Minuten müsste jeder Arbeiter täglich länger arbeiten, damit die Bauarbeiten fristgerecht beendet werden können?

b) Wie viele Arbeiter müsste die Firma nach der Unterbrechung zusätzlich einsetzen, um den Termin ohne Überstunden einhalten zu können?

a) Berechnung der Gesamtarbeitszeit in Stunden:

Anzahl der Arbeiter x Anzahl der Stunden x Anzahl der Tage

____

Berechnung der nach 30 Tagen bereits geleisteten Arbeitszeit in Stunden:

____

Berechnung der noch zu leistenden Arbeitsstunden:

____

Berechnung der verbleibenden Arbeitstage:

____

neue tägliche Arbeitszeit in Stunden:

____

Umrechnung in Minuten:

____

Es müssen täglich ________ Minuten mehr gearbeitet werden.

b) Berechnung der Anzahl der Arbeiter:

____

Es müssen _________ Arbeiter mehr eingestellt werden.

Zuordnungen

Tipp: Unterstreiche die Zwischenergebnisse, da du sie oft für die Gesamtberechnung benötigst.

__1. Tipp:__ Denke beim Umrechnen von Stunden in Minuten daran, dass eine Stunde 60 Minuten hat, das heißt, die Stelle nach dem Komma entspricht 6 Minuten.
__2. Tipp:__ Rechne die gesamte Arbeitszeit aus, die zu leisten ist.
__3. Tipp:__ Rechne die Arbeitszeit aus, die bis zur ersten Veränderung geleistet wurde.
__4. Tipp:__ Berücksichtige die veränderten Größen, wenn du bis zur nächsten Veränderung rechnest.

2. Eine Baufirma soll den Rohbau eines Wohnblocks erstellen. Sie will diese Aufgabe mit 12 Arbeitern bei einer täglichen Arbeitszeit von 8 Stunden in 16 Tagen schaffen. Die Arbeit wird begonnen, aber nach 6 Tagen fallen 2 Arbeiter wegen Krankheit für die restliche Zeit aus.

a) Um wie viele Tage verzögert sich die Fertigstellung der Arbeit, wenn keine Arbeiter als Ersatz kommen und die tägliche Arbeitszeit gleich bleibt?

b) Wie viele Überstunden muss jeder Arbeiter pro Tag leisten, wenn die Arbeit termingerecht beendet werden soll?
Gib die Überstunden in Stunden und Minuten an.

a) Berechnung der Gesamtarbeitszeit in Stunden:

Anzahl der Arbeiter x Anzahl der Tage x Anzahl der Stunden

____

Berechnung der nach 6 Tagen geleisteten Arbeitszeit in Stunden:

____

Berechnung der noch zu leistenden Arbeitsstunden:

____

Berechnung der Verzögerung:

____

b) Berechnung der notwendigen Stunden:

____

Umrechnung in Stunden und Minuten:

____

Jeder Arbeiter müsste ________ Stunde ________ Minuten mehr arbeiten.

Zuordnungen

Tipp: Unterstreiche die Zwischenergebnisse, da du sie oft für die Gesamtberechnung benötigst.

1. Tipp: *Denke beim Umrechnen von Stunden in Minuten daran, dass eine Stunde 60 Minuten hat, das heißt, die Stelle nach dem Komma entspricht 6 Minuten.*
2. Tipp: *Rechne die gesamte Arbeitszeit aus, die zu leisten ist.*
3. Tipp: *Rechne die Arbeitszeit aus, die bis zur ersten Veränderung geleistet wurde.*
4. Tipp: *Berücksichtige die veränderten Größen, wenn du bis zur nächsten Veränderung rechnest.*

3. Die Schülermitverwaltung plant eine Abschlussparty. Die Vorbereitungen können mit 12 Schülern in 10 Tagen bewältigt werden, wenn jeder von ihnen täglich zwei Stunden arbeitet.

a) Der Elternbeirat vergütet jede Arbeitsstunde mit 5 €. Welchen Betrag zahlt der Elternbeirat insgesamt?

b) Nach drei Tagen erkranken zwei Schüler. Wie viele Minuten muss jeder täglich zusätzlich arbeiten?

a) Berechnung der gesamten Arbeitsstunden:

Anzahl der Schüler x Anzahl der Tage x Anzahl der Stunden:

____

Berechnung des Geldbetrages:

____

b) Berechnung der nach 3 Tagen bereits geleisteten Arbeitsstunden:

____

Berechnung der Restarbeitszeit:

____

Berechnung der täglichen Arbeitszeit pro Schüler:

____

____

____

Berechnung der Mehrarbeit in Stunden und Minuten:

____

____

____

Jeder Schüler muss ________ Minuten mehr arbeiten.

Zuordnungen

Tipp: Unterstreiche die Zwischenergebnisse, da du sie oft für die Gesamtberechnung benötigst.

1. Tipp: *Denke beim Umrechnen von Stunden in Minuten daran, dass eine Stunde 60 Minuten hat, das heißt, die Stelle nach dem Komma entspricht 6 Minuten.*
2. Tipp: *Rechne die gesamte Arbeitszeit aus, die zu leisten ist.*
3. Tipp: *Rechne die Arbeitszeit aus, die bis zur ersten Veränderung geleistet wurde.*
4. Tipp: *Berücksichtige die veränderten Größen, wenn du bis zur nächsten Veränderung rechnest.*

4. Eine Jugendgruppe darf sich einen Raum im Gemeindehaus zur Disco umbauen. 12 Jugendliche verpflichten sich, täglich 2,5 Stunden zu arbeiten. Nach 22 Tagen wollen sie fertig sein.

a) Nach 4 Tagen haben 3 Jugendliche keine Lust mehr und hören auf. Um wie viele Tage muss die Einweihungsfeier verschoben werden?

b) Wie viele Minuten müssen die übrigen Jugendlichen täglich mehr arbeiten, wenn sie doch zum ursprünglichen Termin fertig sein wollen?

a) Berechnung der Gesamtarbeitszeit in Stunden:

Anzahl der Schüler x Anzahl der Stunden x Anzahl der Tage

____

Berechnung der nach 4 Tagen bereits geleisteten Arbeitszeit in Stunden:

____

Berechnung der noch zu leistenden Arbeitsstunden:

____

Berechnung der Arbeitstage bei 9 Jugendlichen:

____

Berechnung der Verzögerung:

____

b) Berechnung der verbleibenden Arbeitstage, um rechtzeitig fertig zu werden:

____

Berechnung der Arbeitszeit pro Tag:

____

Berechnung der Mehrarbeit:

____

Zuordnungen

Tipp: Unterstreiche die Zwischenergebnisse, da du sie oft für die Gesamtberechnung benötigst.

1. Tipp: *Denke beim Umrechnen von Stunden in Minuten daran, dass eine Stunde 60 Minuten hat, das heißt, die Stelle nach dem Komma entspricht 6 Minuten.*
2. Tipp: *Rechne die gesamte Arbeitszeit aus, die zu leisten ist.*
3. Tipp: *Rechne die Arbeitszeit aus, die bis zur ersten Veränderung geleistet wurde.*
4. Tipp: *Berücksichtige die veränderten Größen, wenn du bis zur nächsten Veränderung rechnest.*

5. Eine Putzkolonne soll die gläserne Fassade eines 12-geschossigen Hochhauses reinigen. Für ein Stockwerk benötigen 18 Arbeiter zwei Tage.

a) Wie viele Tage brauchen sie für die gesamte Reinigungsarbeit?

b) Nach vier Tagen erkranken drei Arbeiter. Um wie viele Tage verzögert sich die Arbeit, wenn keine Arbeiter als Ersatz kommen und die tägliche Arbeitszeit gleich bleibt?

c) Die verbliebenen 15 Arbeiter sind zwölf Tage beschäftigt. Dann kommen fünf Arbeiter hinzu. Nach insgesamt wie vielen Tagen ist der Auftrag abgeschlossen?

a) Berechnung der Arbeitstage: Anzahl der Stockwerke x Anzahl der Tage

____

b) Berechnung der Gesamtarbeitsleistung:

Anzahl der Arbeiter x Anzahl der Gesamttage:

____

Berechnung der nach vier Tagen bereits erledigten Arbeit:

____

Berechnung der noch verbleibenden Arbeit:

____

Berechnung der Verzögerung:

____

c) Berechnung der nach weiteren 12 Tagen erledigten Arbeit:

____

Berechnung der noch zu erledigenden Arbeitsleistung:

____

Berechnung der Restarbeitstage:

____

Berechnung der Gesamtarbeitszeit: __________________________

Bewegungsaufgaben lösen (rechnerisch und zeichnerisch)

***Tipp:* Denke daran, dass die Stunde 60 Minuten hat. Bei Dezimalstellen entspricht die 1. Stelle nach dem Komma 6 Minuten.**

1. Schritt: *Die Geschwindigkeit wird immer in Kilometer pro Stunde berechnet.*
2. Schritt: *Zeiten, in denen nicht gefahren wird, werden zwar bei der Zeit, nicht aber bei den Kilometern berücksichtigt.*
3. Schritt: *Markiere Zwischenergebnisse, du brauchst sie oft bei der Berechnung der Gesamtzeit.*
4. Schritt: *Fertige ein Weg-Zeit-Diagramm nach den Vorgaben an (die Zeitachse ist die waagerechte Achse) und trage die errechneten Werte ein. Zeiten, in denen keine Bewegung stattfindet, werden als waagerechter Strich eingetragen. Verwende am besten Millimeterpapier.*

1. Frau Schwarz aus Ansbach besucht ihre Tochter in Bamberg. Sie fährt mit dem Zug die 105 km lange Strecke Ansbach–Nürnberg–Bamberg.
Um 11.25 Uhr steigt Frau Schwarz in einen Nahverkehrszug, der die 45 km lange Strecke nach Nürnberg mit einer durchschnittlichen Geschwindigkeit von 60 km/h zurücklegt. Nach 15 Minuten Aufenthalt fährt sie die restlichen 60 km mit dem Eilzug nach Bamberg weiter. Dort kommt sie um 13.05 Uhr an.

a) Um wieviel Uhr kommt Frau Schwarz in Nürnberg an?
b) Berechne die durchschnittliche Geschwindigkeit des Eilzugs.
c) Stelle die Fahrt von Frau Schwarz in einem Weg-Zeit-Diagramm dar.
(1 cm ≙ 10 km; 1 cm ≙ 10 Minuten)

a) Berechnung der Fahrzeit von Ansbach nach Nürnberg:

____

Berechnung der Ankunftszeit:

____

b) Berechnung der Fahrzeit Nürnberg–Bamberg

____

Berechnung der Geschwindigkeit des Eilzugs:

____

c) Hilfen für die zeichnerische Lösung:

- *Zeichne auf Millimeterpapier das Weg-Zeit-Diagramm nach den Vorgaben.*
- *Zeichne zunächst den Graph für die Fahrt nach Nürnberg ein.*
- *Die Wartezeit wird als waagerechte Linie eingetragen.*
- *Die Fahrt von Nürnberg nach Bamberg beginnt um 12.25 Uhr.*
- *Verwende die Geschwindigkeit, die du unter b) errechnet hast und zeichne den Graph für den Eilzug ein.*

Bewegungsaufgaben lösen (rechnerisch und zeichnerisch)

Tipp: Denke daran, dass die Stunde 60 Minuten hat. Bei Dezimalstellen entspricht die 1. Stelle nach dem Komma 6 Minuten.

1. Schritt: *Berechne die Entfernung zwischen beiden Personen zu dem Zeitpunkt, zu dem sich die zweite Person in Bewegung setzt.*
2. Schritt: *Berechne den Abstand, den beide nach einer Stunde haben. Da sie hintereinander herfahren, musst du die Geschwindigkeiten subtrahieren.*
3. Schritt: *Berechne die Annäherung pro Stunde: Entfernung dividiert durch Abstand.*
4. Schritt: *Vergiss nicht die Zeit und/oder Entfernung, die der erste alleine unterwegs war.*
5. Schritt: *Fertige ein Weg-Zeit-Diagramm nach den Vorgaben an (die Zeitachse ist die waagerechte Achse) und trage die errechneten Werte ein. Zeiten, in denen keine Bewegung stattfindet, werden als waagerechter Strich eingetragen. Verwende am besten Millimeterpapier.*

2. Klaus und Thomas treffen sich am Samstagnachmittag in der Jugenddisco. Weil Klaus die Techno-Party nicht gefällt, macht er sich um 17.00 Uhr mit einer durchschnittlichen Geschwindigkeit von 5 km/h auf den Weg nach Hause.
Nach einer halben Stunde trifft er eine Bekannte, mit der er sich 10 Minuten unterhält. Dann setzt er seinen Weg mit gleich bleibender Geschwindigkeit fort.
In der Disco merkt Thomas, dass Klaus seine Jacke vergessen hat, und radelt seinem Freund um 17.40 Uhr mit einer gleich bleibenden Geschwindigkeit von 15 km/h nach.

a) Um wie viel Uhr und wie viele Kilometer von der Disco entfernt wird Klaus von Thomas eingeholt? Löse rechnerisch.
b) Stelle den Vorgang grafisch dar.
(Wegachse: 1 km ≙ 1 cm; Zeitachse: 10 Min. ≙ 1 cm)

a) Berechnung des Weges, den Klaus bis 17.40 Uhr zurückgelegt hat (denke daran, dass er 10 Minuten nicht gelaufen ist) = Entfernung um 17.40 Uhr:

____

Berechnung der Annäherung pro Stunde:

____

Berechnung der Einholzeit:

____

Berechnung der Entfernung von der Disco:

____

b) Hilfen für die zeichnerische Lösung:

- *Zeichne auf Millimeterpapier das Weg-Zeit-Diagramm nach den Vorgaben.*
- *Zeichne den Graph für Klaus. Zunächst bis 17.30 Uhr, dann die Zeit, die er sich unterhält, anschließend seine Weiterfahrt.*
- *Der Graph von Thomas beginnt um 17.40 Uhr.*

Bewegungsaufgaben lösen (rechnerisch und zeichnerisch)

Tipp: ***Denke daran, dass die Stunde 60 Minuten hat. Bei Dezimalstellen entspricht die 1. Stelle nach dem Komma 6 Minuten.***

1. Schritt: *Berechne die Entfernung zwischen beiden Personen zu dem Zeitpunkt,zu dem sich die zweite Person in Bewegung setzt.*
2. Schritt: *Berechne den Abstand, den beide nach einer Stunde haben. Da sie hintereinander herfahren, musst du die Geschwindigkeiten subtrahieren.*
3. Schritt: *Berechne die Annäherung pro Stunde: Entfernung dividiert durch Abstand.*
4. Schritt: *Vergiss nicht die Zeit und/oder Entfernung, die der erste alleine unterwegs war.*
5. Schritt: *Fertige ein Weg-Zeit-Diagramm nach den Vorgaben an (die Zeitachse ist die waagerechte Achse) und trage die errechneten Werte ein. Zeiten, in denen keine Bewegung stattfindet, werden als waagerechter Strich eingetragen. Verwende am besten Millimeterpapier.*

3. Andreas und Michael machen zusammen eine Radtour. Sie starten um 8.00 Uhr und fahren mit einer durchschnittlichen Geschwindigkeit von 20 km/h. Nach 2,5 Stunden legen sie eine einstündige Pause ein. Danach radeln sie mit der gleichen Geschwindigkeit weiter.
Michaels Mutter merkt, dass ihr Sohn seinen Geldbeutel daheim vergessen hat und fährt den beiden um 12.30 Uhr mit dem Auto nach (durchschnittliche Geschwindigkeit 90 km/h).

a) Um wie viel Uhr holt die Mutter die Jungen ein?
b) Wie viele km haben die Jungen zurückgelegt, als sie von der Mutter eingeholt werden?
Löse a) und b) rechnerisch und zeichnerisch.
(Wegachse: 1 cm ≙ 10 km; Zeitachse: 2 cm ≙ 1 h)

Rechnerische Lösung:

a) Berechnung des Weges, den die beiden bis um 12.30 Uhr zurückgelegt haben (abzüglich eine Stunde Pause) = Entfernung um 12.30 Uhr:

____

____

Berechnung der Annäherung pro Stunde: ____________________

Berechnung der Einholzeit: ____________________________

____

b) Berechnung der Entfernung von zu Hause: ____________________

____

Hilfen für die zeichnerische Lösung:

– *Zeichne auf Millimeterpapier das Weg-Zeit-Diagramm nach den Vorgaben.*
– *Zeichne den Graph für die Radfahrer. Zunächst bis zur Pause, dann die Zeit der Rast, anschließend die Weiterfahrt.*
– *Der Graph von Michaels Mutter beginnt um 12.30 Uhr.*

Bewegungsaufgaben lösen (rechnerisch und zeichnerisch)

Tipp: Denke daran, dass die Stunde 60 Minuten hat. Bei Dezimalstellen entspricht die 1. Stelle nach dem Komma 6 Minuten.

__1. Schritt:__ Berechne die Entfernung zwischen beiden Personen zu dem Zeitpunkt, zu dem sich die zweite Person in Bewegung setzt.
__2. Schritt:__ Berechne den Abstand, den beide nach einer Stunde haben. Da sie hintereinander herfahren, musst du die Geschwindigkeiten subtrahieren.
__3. Schritt:__ Berechne die Annäherung pro Stunde: Entfernung dividiert durch Abstand.
__4. Schritt:__ Vergiss nicht die Zeit und/oder Entfernung, die der erste alleine unterwegs war.
__5. Schritt:__ Fertige ein Weg-Zeit-Diagramm nach den Vorgaben an (die Zeitachse ist die waagerechte Achse) und trage die errechneten Werte ein. Zeiten, in denen keine Bewegung stattfindet, werden als waagerechter Strich eingetragen. Verwende am besten Millimeterpapier.

4. Der Crossläufer Peter und der Mountainbikefahrer Charly trainieren auf einem Rundweg von 19,8 km Länge. Peter braucht für eine Runde im Durchschnitt 108 Minuten. Charlys Fahrradcomputer zeigt für die Strecke eine durchschnittliche Geschwindigkeit von 16,5 km/h an.

a) Errechne die durchschnittliche Geschwindigkeit des Läufers.

b) Peter und Charly wollen gleichzeitig an der Verpflegungsstation ankommen, die 13,2 km vom Start entfernt ist. Löse rechnerisch: Wie viele Minuten kann Charly später starten?

c) Am nächsten Tag drehen sie eine ganze Runde.
Löse zeichnerisch, nach wie vielen Minuten und wie weit vor dem Ziel der Mountainbikefahrer den Läufer einholt, wenn er ihm einen Vorsprung von 30 Minuten gibt.
(Zeitachse 6 cm ≙ 1 h; Wegachse: 1 cm ≙ 2 km)

a) Berechnung der Geschwindigkeit von Peter (rechne die Minuten in Stunden um!):

____

b) Berechnung der Zeit, die Peter für 13,2 km braucht:

____

Berechnung der Zeit, die Charly für 13,2 km braucht:

____

Berechnung des Zeitunterschieds:

____

c) Hilfen für die zeichnerische Lösung:

- *Zeichne auf Millimeterpapier das Weg-Zeit-Diagramm nach den Vorgaben.*
- *Die Zeitachse beginnt bei 0 Stunden.*
- *Zeichne das Ziel bei 19,8 km als waagerechten Strich ein.*
- *Zeichne den Graph für Peter.*
- *Der Graph von Charly beginnt eine halbe Stunde später.*
- *Lies die Zeit und die Entfernung vom Ziel ab.*

Charly holt Peter um _________ Uhr, ein, _______ km vom Ziel entfernt.

Bewegungsaufgaben lösen (rechnerisch und zeichnerisch)

Tipp: Denke daran, dass die Stunde 60 Minuten hat. Bei Dezimalstellen entspricht die 1. Stelle nach dem Komma 6 Minuten.

1. Schritt: *Berechne die Entfernung zwischen beiden Personen zu dem Zeitpunkt, zu dem sich die zweite Person in Bewegung setzt.*
2. Schritt: *Berechne den Abstand, den beide nach einer Stunde haben. Da sie hintereinander herfahren, musst du die Geschwindigkeiten subtrahieren.*
3. Schritt: *Berechne die Annäherung pro Stunde: Entfernung dividiert durch Abstand.*
4. Schritt: *Vergiss nicht die Zeit und/oder Entfernung, die der erste alleine unterwegs war.*
5. Schritt: *Fertige ein Weg-Zeit-Diagramm nach den Vorgaben an (die Zeitachse ist die waagerechte Achse) und trage die errechneten Werte ein. Zeiten, in denen keine Bewegung stattfindet, werden als waagerechter Strich eingetragen. Verwende am besten Millimeterpapier.*

5. Um 8.00 Uhr fährt Herr Aumüller mit einem PKW von A-Dorf ins 240 km entfernte B-Dorf und braucht für diese Strecke 4 Stunden. Um 9.00 Uhr folgt ihm Frau Bayer im Sportwagen.

a) Berechne die durchschnittliche Geschwindigkeit, mit der Herr Aumüller fährt.
b) Wie schnell müsste Frau Bayer durchschnittlich fahren, um gleichzeitig mit Herrn Aumüller in B-Dorf zu sein?
c) Um 10.30 Uhr wird Frau Bayer durch eine Reifenpanne 15 Minuten aufgehalten. Berechne die nun nötige Geschwindigkeit, um das Treffen mit Herrn Aumüller trotzdem einzuhalten.
d) Stelle den tatsächlichen Fahrtverlauf der beiden PKW grafisch dar.
(Wegachse: 1 cm ≙ 20 km; Zeitachse: 2 cm ≙ 1 h)

a) Berechnung der Geschwindigkeit, die Herr Aumüller fährt:

____

b) Berechnung der Geschwindigkeit von Frau Bayer:

____

c) Berechnung der Strecke, die Frau Bayer bis zur Panne zurückgelegt hat:

____

Berechnung der noch zur Verfügung stehenden Zeit: ____________________

Berechnung der noch zurückzulegenden Strecke: ____________________

Berechnung der nun notwendigen Geschwindigkeit: ____________________

____

d) Hilfen für die zeichnerische Lösung:

– *Zeichne auf Millimeterpapier das Weg-Zeit-Diagramm nach den Vorgaben.*
– *Zeichne den Graph für Herrn Aumüller.*
– *Der Graph von Frau Bayer beginnt um 9.00 Uhr und geht zunächst bis 10.30 Uhr. Nach 15 Minuten wird der Graph fortgesetzt.*

Bewegungsaufgaben lösen (rechnerisch und zeichnerisch)

***Tipp:** Denke daran, dass die Stunde 60 Minuten hat. Bei Dezimalstellen entspricht die 1. Stelle nach dem Komma 6 Minuten.*

***1. Schritt:** Berechne die Entfernung zwischen beiden Personen zu dem Zeitpunkt, zu dem sich die zweite Person in Bewegung setzt.*
***2. Schritt:** Vergiss nicht die Zeit und/oder Entfernung, die der erste alleine unterwegs war.*
***3. Schritt:** Fertige ein Weg-Zeit-Diagramm nach den Vorgaben an (die Zeitachse ist die waagerechte Achse) und trage die errechneten Werte ein. Zeiten, in denen keine Bewegung stattfindet, werden als waagerechter Strich eingetragen. Verwende am besten Millimeterpapier.*

6. Zwei Geschäftsfreunde, die in Köln und Regensburg wohnen, wollen sich in Würzburg treffen. In Köln startet Herr Albert um 7.00 Uhr mit seinem PKW mit einer durchschnittlichen Geschwindigkeit von 100 km/h in Richtung Würzburg, das 300 km entfernt ist. Nach 1,5 Stunden Fahrzeit gerät er in einem Stau, der ihn 30 Minuten aufhält. Danach fährt er mit der gleichen durchschnittlichen Geschwindigkeit wie vor dem Stau weiter.
In Regensburg fährt Herr Bauer um 8.15 Uhr mit seinem Auto in Richtung Würzburg los, das 210 km entfernt ist. Hierbei legt er in 20 Minuten durchschnittlich 35 km zurück.

a) Fertige ein Weg-Zeit-Diagramm an und beantworte folgende Frage:
Wie viele Minuten später als Herr Bauer erreicht Herr Albert Würzburg?
(Wegachse: 2 cm ≙ 100 km; Zeitachse: 4 cm ≙ 1 Std.)

b) Bestimme rechnerisch:
Wie schnell hätte Herr Albert nach dem Stau durchschnittlich fahren müssen, um gleichzeitig mit Herrn Bauer Würzburg erreichen zu können?

a) ***Hilfen für die zeichnerische Lösung:***

- *Zeichne auf Millimeterpapier das Weg-Zeit-Diagramm nach den Vorgaben.*
- *Zeichne den Graph für Herrn Albert zunächst bis zum Stau. Die Stauzeit trägst du als waagerechten Strich ein. Nach der halben Stunde im Stau geht der Graph für Herrn Albert wieder mit der gleichen Geschwindigkeit weiter.*
- *Der Graph von Herrn Bauer beginnt um 8.25 Uhr in Regensburg. Denke daran, dass Regensburg 510 km von Köln entfernt ist. Die Stundengeschwindigkeit des Herrn Bauer kannst du leicht ausrechnen.*
- *Lies den Zeitunterschied ab:*

Herr Bauer erreicht Würzburg _______ Minuten später als Herr Albert

b) Berechnung der Fahrstrecke, die Herr Albert nach dem Stau noch zurückzulegen hat:

____

Berechnung der Zeit, die ihm dafür zu Verfügung steht: __________________________

Berechnung der Geschwindigkeit:

____

Bewegungsaufgaben lösen (rechnerisch und zeichnerisch)

***Tipp:* Denke daran, dass die Stunde 60 Minuten hat. Bei Dezimalstellen entspricht die 1. Stelle nach dem Komma 6 Minuten.**

1. Schritt: *Berechne die Entfernung zwischen beiden Personen zu dem Zeitpunkt, zu dem sich die zweite Person in Bewegung setzt.*
2. Schritt: *Berechne den Abstand, den beide nach einer Stunde haben. Da sie aufeinander zu fahren, musst du die Geschwindigkeiten addieren.*
3. Schritt: *Berechne die Annäherung pro Stunde: Entfernung dividiert durch Abstand.*
4. Schritt: *Vergiss nicht die Zeit und/oder Entfernung, die der erste alleine unterwegs war.*
5. Schritt: *Fertige ein Weg-Zeit-Diagramm nach den Vorgaben an (die Zeitachse ist die waagerechte Achse) und trage die errechneten Werte ein. Zeiten, in denen keine Bewegung stattfindet, werden als waagerechter Strich eingetragen. Verwende am besten Millimeterpapier.*

7. Die Bahnhöfe A und B sind 350 km voneinander entfernt.
Um 5.30 Uhr fährt von A aus ein Güterzug mit einer gleich bleibenden Geschwindigkeit von 64 km/h nach B.
Nach 45 Minuten wird seine Fahrt für eine halbe Stunde unterbrochen. Anschließend setzt er seine Fahrt mit der gleichen Geschwindigkeit fort.
Von B aus fährt um 7.15 Uhr ein Eilzug mit einer gleich bleibenden Geschwindigkeit von 86 km/h in Richtung A.
Löse rechnerisch:

a) Um wie viel Uhr begegnen sich die beiden Züge?
b) Wie viele Kilometer von B entfernt liegt der Begegnungsort?

a) Der Güterzug fährt von 5.30 Uhr bis 6.15 Uhr und von 6.45 Uhr bis 7.15 Uhr, also insgesamt

_____ *Minuten +* _____ *Minuten =* _____ *Minuten =* _____ *Stunden*

In dieser Zeit legt er folgende Strecke zurück:

__________________ *km*

Entfernung beider Züge um 7.15 Uhr:

____

Berechnung der Annäherung pro Stunde:

____

Berechnung der Treffzeit:

____

b) Berechnung des Treffpunktes (gehe von der Fahrtzeit des Eilzuges aus und denke daran, dass er in B startet):

____

Bewegungsaufgaben lösen (rechnerisch und zeichnerisch)

***Tipp:* Denke daran, dass die Stunde 60 Minuten hat. Bei Dezimalstellen entspricht die 1. Stelle nach dem Komma 6 Minuten.**

__1. Schritt:__ Berechne die Entfernung zwischen beiden Personen zu dem Zeitpunkt, zu dem sich die zweite Person in Bewegung setzt.
__2. Schritt:__ Berechne den Abstand, den beide nach einer Stunde haben. Da sie aufeinander zu fahren, musst du die Geschwindigkeiten addieren.
__3. Schritt:__ Berechne die Annäherung pro Stunde: Entfernung dividiert durch Abstand.
__4. Schritt:__ Vergiss nicht die Zeit und/oder Entfernung, die der erste alleine unterwegs war.
__5. Schritt:__ Fertige ein Weg-Zeit-Diagramm nach den Vorgaben an (die Zeitachse ist die waagerechte Achse) und trage die errechneten Werte ein. Zeiten, in denen keine Bewegung stattfindet, werden als waagerechter Strich eingetragen. Verwende am besten Millimeterpapier.

8. Zwischen dem englischen Hafen Dover und dem französischen Hafen Calais verkehren regelmäßig Fährschiffe. Die Fahrstrecke zwischen beiden Häfen beträgt einfach 42 km. Das englische Fährschiff verlässt um 8.30 Uhr den Hafen Dover. 20 Minuten später als das englische Schiff fährt das französische Fährschiff von Calais ab in Richtung Dover. Das englische Schiff legt um 10.15 Uhr in Calais an. Beide Schiffe benötigen bei gleich bleibender Geschwindigkeit dieselbe Fahrzeit.
Löse die Aufgaben rechnerisch!

a) Mit welcher durchschnittlichen Geschwindigkeit (km/h) fährt jedes der beiden Schiffe?
b) Um wieviel Uhr begegnen sich die beiden Schiffe?
c) Wie weit ist der Treffpunkt von Calais entfernt?
d) Gib die durchschnittliche Geschwindigkeit eines Fährschiffes in Knoten an [1 Knoten (kn) = 1,852 km/h].

a) Berechnung der Fahrtzeit des englischen Schiffes:

____

Berechnung der Geschwindigkeit des englischen Schiffes:

____

b) Entfernung der beiden Schiffe um 8.50 Uhr: ____________________

Berechnung der stündlichen Annäherung: ________________

Berechnung der Treffzeit: ____________________

Berechnung der Entfernung von Calais: (Gehe von der Fahrzeit des französischen Schiffes aus)

____

d) Umrechnung der Geschwindigkeit in Knoten:

____

Bewegungsaufgaben – Ein Weg-Zeit-Diagramm lesen

Diese Tipps helfen dir beim Lesen von Weg-Zeit-Diagrammen:

__1. Tipp:__ Denke daran, dass die Stunde 60 Minuten hat. Bei Dezimalstellen entspricht die erste Stelle nach dem Komma sechs Minuten.
__2. Tipp:__ Finde heraus, welche Einteilung auf der Zeit- und auf der Weg-Achse angegeben ist.
__3. Tipp:__ Schreibe dir diesen Maßstab auf.
__4. Tipp:__ Denke daran, dass Geschwindigkeiten immer in Kilometer pro Stunde angegeben werden.
__5. Tipp:__ Pausen sind immer als waagerechte Striche angegeben.
__6. Tipp:__ Lies genau ab und denke daran, dass die Einteilung bei Millimeterpapier in 10-er-Schritten erfolgt.

9. Werte das Diagramm aus und schreibe die Ergebnisse auf.

a) Lies die Durchschnittsgeschwindigkeit des LKW vor der Arbeitspause ab.
b) Ermittle die Dauer der Arbeitspause.
c) Gib die Durchschnittsgeschwindigkeit des LKW nach der Pause an.
d) Um wie viel Uhr fährt der Radfahrer ab?
e) Wie viele Kilometer von Ort A entfernt begegnen sich LKW und Radfahrer?
f) Um wie viel Uhr findet diese Begegnung statt?
g) Berechne die Durchschnittsgeschwindigkeit des Radfahrers bis zum Begegnungspunkt.

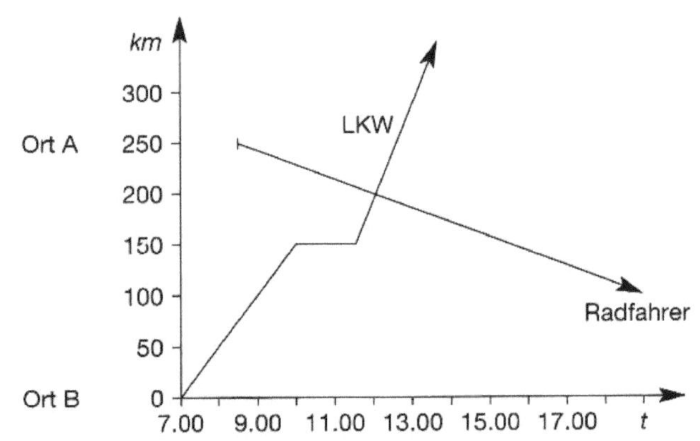

a) Maßstab auf der Wegachse: 1 Abschnitt ≙ ______________ km

Maßstab auf der Zeitachse: 1 Abschnitt ≙ ______________ Stunde

Der LKW fährt bis zur Pause __________ km,

das entspricht einer Geschwindigkeit von _________ km/h.

b) Die Pause dauert von ____________ Uhr bis __________ Uhr, also __________ h.

c) Der LKW fährt z. B. zwischen 12 Uhr und 13 Uhr __________ km,

das entspricht einer Geschwindigkeit von ___________ km/h.

d) Der Radfahrer fährt um __________ Uhr ab.

e) Der Treffpunkt ist der Schnittpunkt beider Graphen. Sie treffen sich bei km __________, das ist __________ km von A entfernt.

f) LKW und Radfahrer begegnen sich um __________ Uhr.

g) Der Radfahrer fährt bis zum Treffkpunkt __________ km und braucht dafür __________ Stunden. Das entspricht einer Geschwindigkeit von __________ km/h.

Geometrische Konstruktionen – Grundkonstruktionen

Tipp: Ziehe die Konstruktionslinien dünn. Radiere keine Konstruktionslinien aus.

1. Schritt: *Die Koordinaten der Punkte ergeben die Größe des Gitternetzes.*
2. Schritt: *Der erste Wert ist immer der Wert der Rechtsachse (x-Achse), der zweite Wert der der Hochachse (y-Achse).*
3. Schritt: *Halte dich an die Angaben im Text und beschrifte deine Zeichnung, wie es angegeben ist.*

Das Lot vom Punkt P aus auf die Strecke AB fällen:
- *Nimm eine Strecke in den Zirkel, die größer ist als der Abstand des Punktes P zur Strecke AB.*
- *Stich in P ein und schlage zwei kleine Kreisbögen, die die Strecke AB schneiden.*
- *Stich in diesen Schnittpunkten ein und schlage zwei Kreisbögen, die sich schneiden.*
- *Verbinde diesen Schnittpunkt mit dem Punkt P.*

Die Mittelsenkrechte zur Strecke AB konstruieren:
- *Nimm eine Strecke in den Zirkel, stich in A und B ein und schlage je einen Kreisbogen nach oben und unten.*
- *Verbinde die Schnittpunkte miteinander.*

Die Winkelhalbierende des Winkels α konstruieren:
- *Nimm eine Strecke in den Zirkel, stich in A ein und schlage einen Kreisbogen, der die beiden Schenkel des Winkels α schneidet.*
- *Stich in diese beiden Schnittpunkte ein und schlage einen Kreisbogen.*
- *Verbinde den Schnittpunkt mit Punkt A.*

Eine Strecke in vier gleich lange Abschnitte teilen:
- *Zeichne von A aus eine beliebig lange Hilfsstrecke nach unten.*
- *Markiere auf dieser Strecke im Abstand von je 1 cm vier Punkte.*
- *Verbinde den letzten Punkt mit Punkt B.*
- *Zeichne Parallelen zu dieser Strecke durch die anderen Punkte auf der Hilfsstrecke und markiere den jeweiligen Schnittpunkt auf der Strecke AB.*

Einen Punkt P an einer Strecke AB spiegeln
- *Zeichne im rechten Winkel mit dem Geodreieck den Abstand von P zur Strecke AB ein und verlängere diese Linie nach oben.*
- *Trage den Abstand von P zur Strecke AB mit dem Zirkel von AB aus auf dieser Linie nach oben ab.*
- *Kennzeichne den Punkt mit P'.*

Eine Parallele zu einer Strecke durch einen Punkt zeichnen

- *Lege ein Geodreieck mit einer Seite an die Strecke.*
- *Benutze ein zweites Dreieck oder ein Lineal als Hilfe, um das Geodreieck daran entlang zu schieben, bis es zum Schnittpunkt mit dem Punkt kommt.*

Geometrische Konstruktionen zeichnen

Tipp: Ziehe die Konstruktionslinien dünn. Radiere keine Konstruktionslinien aus.

1. Schritt: *Die Koordinaten der Punkte ergeben die Größe des Gitternetzes.*
2. Schritt: *Der erste Wert ist immer der Wert der Rechtsachse (x-Achse), der zweite Wert ist der der Hochachse (y-Achse).*
3. Schritt: *Halte dich an die Angaben im Text und beschrifte deine Zeichnung, wie es angegeben ist.*

1. Zeichne ein Gitternetz mit der Einheit 1 cm.

a) Trage die Punkte *A* (2 | 3,5) und M (7 | 7) in das Gitternetz ein. Der Punkt *M* ist der Mittelpunkt eines Kreises mit dem Radius *AM*. Zeichne den Kreis.
b) Konstruiere von *P* (13 | 1) das Lot auf die Gerade, die durch *A* und *M* führt. Benenne den Schnittpunkt des Lotes mit dem Kreis als Punkt *B*.
c) Die Strecke *AB* ist die Basis des gleichschenkligen Dreiecks *ABC*, dessen Punkt *C* auf dem Kreis um *M* liegt. Zeichne dieses Dreieck.
d) Konstruiere den Inkreis des Dreiecks.

a) Beachte bei der Größe des Gitternetzes auch die Koordinaten des Punktes P.
Zeichne das Gitternetz auf ein Extrablatt. Teile es in Zentimeterschritten ein.
Trage die Punkte A und M ein.
Zeichne den Kreis. Sein Radius ist der Abstand AM.
b) Zeichne den Punkt P ein und fälle das Lot (du kannst dazu dein Geodreieck verwenden oder mit dem Zirkel die Senkrechte konstruieren).
Markiere den Schnittpunkt mit dem Kreis und benenne ihn.
c) Um das Dreieck zeichnen zu können, brauchst du den Punkt C.
Er liegt auf der Mittelsenkrechten zur Seite AB.
Konstruiere diese Mittelsenkrechte.
Der Schnittpunkt mit dem Kreis ist Punkt C.
d) Der Mittelpunkt für einen Inkreis ist Schnittpunkt der Winkelhalbierenden.
Zeichne zwei Winkelhalbierende, ihren Schnittpunkt und anschließend den Inkreis.

2. Zeichne ein Gitternetz (Einheit 1 cm).

a) Trage die Punkte *A* (0,5 | 0,5), *B* (8 | 2), *C* (7 | 7) und *D* (2 | 8) ein. Verbinde diese Punkte zu einem Viereck.
b) Ermittle den Schnittpunkt *S* der Diagonalen und gib seine Koordinaten an.
c) Überprüfe durch Konstruktion, ob die Winkelhalbierende des Winkels *ADC* mit einer Diagonalen zusammenfällt.
d) Konstruiere einen Kreis durch die Punkte *A*, *B* und *C*.

a) Beachte bei der Größe des Gitternetzes die Koordinaten der vier Punkte.
b) Zeichne die beiden Diagonalen ein und kennzeichne ihren Schnittpunkt mit S.
Lies die Koordinaten genau ab.
c) Zeichne die Winkelhalbierende des Winkels ADC.
d) Ein Kreis durch die Punkte A, B, C ist der Umkreis eines Dreiecks. Sein Mittelpunkt M ist der Schnittpunkt der Mittelsenkrechten. Zeichne zu zwei Dreiecksseiten die Mittelsenkrechten.
Zeichne den Umkreis

Geometrische Konstruktionen zeichnen

Tipp: Ziehe die Konstruktionslinien dünn. Radiere keine Konstruktionslinien aus.

1. Schritt: *Die Koordinaten der Punkte ergeben die Größe des Gitternetzes.*
2. Schritt: *Der erste Wert ist immer der Wert der Rechtsachse (x-Achse), der zweite Wert ist der der Hochachse (y-Achse).*
3. Schritt: *Halte dich an die Angaben im Text und beschrifte deine Zeichnung, wie es angegeben ist.*

3. Ein Punkt *A* hat von einem Punkt *C* den Abstand 9 cm.
Die Strecke *AC* entspricht dem Durchmesser eines Kreises mit dem Mittelpunkt *M*.

a) Bestimme *M* durch Konstruktion.
b) Der Kreis um *C* mit dem Radius *r* = 3 cm schneidet den Kreis um *M* in den Punkten *B* und *D*. Ermittle diese Punkte.
c) Zeichne die beiden Dreiecke *ACD* und *ABC* ein.
d) Zeige durch Konstruktion, dass sich die Winkelhalbierenden der Winkel *ADC* und *ABC* nicht auf einem der beiden Kreise schneiden.

a) Zeichne die Strecke AC.
Der Mittelpunkt liegt auf der Mittelsenkrechten der Strecke AC.
Konstruiere die Mittelsenkrechte.
b) Zeichne den Kreis um C.
Zeichne den Kreis um M.
Bezeichne die beiden Schnittpunkte mit B und D.
c) Zeichne die Dreiecke ACD und ABD.
d) Konstruiere die Winkelhalbierende des Winkels ADC und des Winkels ABC.
Ermittle ihren Schnittpunkt.

4. Trage in ein Koordinatensystem mit der Einheit 1 cm die beiden Punkte *A* (2|3) und *B* (9|6) ein.

a) Konstruiere die Mittelsenkrechte m zur Strecke *AB*; sie schneidet *AB* im Punkt *F*.
b) Zeichne um *F* einen Kreis mit dem Radius *r* = *FA*.
c) Die Mittelsenkrechte m schneidet die Kreislinie in den Punkten *C* und *D*. Verbinde die Punkte *A*, *B*, *C* und *D* zu einem Quadrat.
d) Überprüfe durch Konstruktion, ob die Winkelhalbierende des Winkels ∢ *ADB* mit der Mittelsenkrechten *m* identisch ist.

a) Beachte bei der Größe des Gitternetzes die Koordinaten der beiden Punkte. Du benötigst nach oben hin noch Platz. Lasse deshalb etwas Abstand.
Trage die beiden Punkte ein und konstruiere die Mittelsenkrechte m.
Markiere den Punkt F.
b) Nimm die Strecke FA in den Zirkel und zeichne den Kreis.
c) Markiere die Punkte C und D und zeichne das Quadrat.
d) Konstruiere die Winkelhalbierende des Winkels ∢ ADB.

Geometrische Konstruktionen zeichnen

Tipp: Ziehe die Konstruktionslinien dünn. Radiere keine Konstruktionslinien aus.

__1. Schritt:__ Die Koordinaten der Punkte ergeben die Größe des Gitternetzes.
__2. Schritt:__ Der erste Wert ist immer der Wert der Rechtsachse (x-Achse), der zweite Wert ist der der Hochachse (y-Achse).
__3. Schritt:__ Halte dich an die Angaben im Text und beschrifte deine Zeichnung, wie es angegeben ist.

5. Zeichne ein Koordinatensystem mit der Einheit 1 cm.

a) Zeichne ein Dreieck mit den Endpunkten *A* (1 | 5), *B* (9 | 1) und *C* (12 | 7) in das Koordinatensystem.

b Der Winkel α beträgt 90°.
Ergänze das Dreieck zu einem Rechteck mit den Eckpunkten *A*, *B*, *C* und *D*. Gib die Koordinaten von *D* an.

c) Spiegle den Punkt *B* an der Strecke *AC, sodass der Punkt B' entsteht.*

d) Fälle von Punkt *D* aus das Lot auf die Strecke *AC*. Konstruiere mit Zirkel und Lineal.

e) Konstruiere einen Kreis, auf dem die Punkte *A*, *B* und *C* liegen.

a) Beachte bei der Größe des Gitternetzes die Koordinaten der Punkte. Du benötigst nach oben zusätzlich etwa 5 cm.
Zeichne die Punkte ein und verbinde zu einem Dreieck.

b) Um Punkt D zu erhalten gibt es mehrere Möglichkeiten. Eine davon ist die folgende:
Nimm die Strecke AB in den Zirkel und schlage damit bei C nach oben einen Kreisbogen. Mache das Gleiche mit der Strecke BC von A aus. Der Schnittpunkt beider Kreisbögen ist Punkt D.
Lies seine Koordinaten genau ab.

c) Um den Punkt B an der Strecke AC zu spiegeln, gehst du folgendermaßen vor:
Zeichne im rechten Winkel mit dem Geodreieck den Abstand von B zur Strecke AC ein. Verlängere diese Linie nach oben.
Trage den Abstand von B zur Strecke AC mit dem Zirkel von AC aus auf dieser Linie nach nach oben ab. Kennzeichne den Punkt mit B'.

d) Ein Kreis durch die Punkte A, B, C ist der Umkreis eines Dreiecks. Sein Mittelpunkt M ist der Schnittpunkt der Mittelsenkrechten. Zeichne zu zwei Dreiecksseiten die Mittelsenkrechten. Zeichne den Umkreis.

6. Zeichne die Strecke *AB* = 9 cm.

a) Bestimme einen Punkt *C*, der vom Punkt *A* 9 cm und vom Punkt *B* 7,5 cm entfernt liegt und verbinde die Punkte *A*, *B* und *C* zu einem Dreieck.

b) Fälle das Lot von Punkt *C* auf die Strecke *AB* durch Konstruktion.

c) Teile die Strecke *AB* durch Konstruktion in vier gleich lange Abschnitte.

d) Konstruiere den Inkreis des Dreiecks *ABC*.

a) Zeichne die Strecke AB. Du benötigst nach oben noch Platz.
Punkt C erhältst du, indem du um A einen Kreisbogen mit dem Radius r = 9 cm und um B einen Kreisbogen mit dem Radius r = 7,5 cm schlägst.
Der Schnittpunkt beider Kreisbögen ist C.

b) Fälle von C aus mit Zirkel und Lineal das Lot auf die Strecke AB.

c) Teile die Strecke in vier gleiche Teile.

d) Der Mittelpunkt des Inkreises ist der Schnittpunkt der Winkelhalbierenden.

Geometrische Konstruktionen zeichnen

Tipp: Ziehe die Konstruktionslinien dünn. Radiere keine Konstruktionslinien aus.

1. Schritt: *Die Koordinaten der Punkte ergeben die Größe des Gitternetzes.*
2. Schritt: *Der erste Wert ist immer der Wert der Rechtsachse (x-Achse), der zweite Wert ist der der Hochachse (y-Achse).*
3. Schritt: *Halte dich an die Angaben im Text und beschrifte deine Zeichnung, wie es angegeben ist.*

7. Zeichne ein Koordinatensystem mit der Einheit 1 cm.
Trage folgende Punkte ein: P_1 (1 | 5), P_2 (9 | 9), P_3 (7 | 3).

b) Verbinde P_1 mit P_2 und konstruiere zu dieser Strecke die Parallele durch den Punkt P_3.

c) Das Lot von P_3 auf P_1P_2 schneidet diese Strecke im Punkt *S*. Verbinde den Punkt P_2 mit P_3. Halbiere durch Konstruktion den Winkel P_2SP_3.

d) Diese Winkelhalbierende schneidet die Strecke P_2P_3 im Punkt *Q*. Gib die Koordinaten des Punktes *Q* an.

a) Beachte bei der Größe des Gitternetzes die Koordinaten der Punkte. Trage die Punkte ein und verbinde sie wie angegeben.

b) Konstruiere die Parallele durch den Punkt P_3.

c) Fälle das Lot (mit dem Geodreiecks) von P_3 aus auf die Strecke P_1P_2. Markiere den Punkt S. Konstruiere die Winkelhalbierende.

d) Markiere den Punkt Q. Lies seine Koordinaten ab.

8. Zeichne ein Koordinatensystem mit der Einheit 1 cm. Darin liegt die Diagonale eines Quadrats mit den Punkten *B* (10 | 3,5) und *D* (3 | 7,5).

a) Konstruiere mit Zirkel und Lineal die andere Diagonale.
Zeichne nun das Quadrat *ABCD* ein.
Benenne den Schnittpunkt der Diagonalen mit *M* und gib seine Koordinaten an.

b) Konstruiere mit Zirkel und Lineal die Winkelhalbierende *g* zum Winkel ∢ *CMD*.
Verlängere sie bis zur Rechtswertachse (x-Achse) und gib für den Schnittpunkt *S* die Koordinaten an.

c) Den spitzen Winkel zwischen der Winkelhalbierenden *g* und der Strecke *CM* kann man ohne zu messen bestimmen. Erkläre warum.

a) Beachte bei der Größe des Gitternetzes die Koordinaten der Punkte. Du benötigst nach oben noch etwas Platz. Lasse deshalb etwas Abstand.
Trage die Punkte ein.
Die Diagonalen eines Quadrates stehen senkrecht zu einander. Um die zweite Diagonale zu erhalten, musst du zur ersten die Mittelsenkrechte zeichnen.
Markiere den Punkt M und lies seine Koordinaten ab.

b) Konstruiere nun die Winkelhalbierende, benenne sie und verlängere sie bis zum Schnittpunkt mit der x-Achse.
Markiere Punkt S und lies die Koordinaten ab.

c) Denke bei der Beantwortung dieser Aufgabe daran, dass die Diagonalen im rechten Winkel zueinander stehen.

Geometrische Konstruktionen zeichnen

Tipp: Ziehe die Konstruktionslinien dünn. Radiere keine Konstruktionslinien aus.

1. Schritt: *Die Koordinaten der Punkte ergeben die Größe des Gitternetzes.*
2. Schritt: *Der erste Wert ist immer der Wert der Rechtsachse (x-Achse), der zweite Wert ist der der Hochachse (y-Achse).*
3. Schritt: *Halte dich an die Angaben im Text und beschrifte deine Zeichnung, wie es angegeben ist.*

9. Zeichne ein Koordinatensystem mit der Einheit 1 cm. Trage die Punkte *M* (6 | 6) und *T* (7 | 3) ein. Zeichne einen Kreis *K* um *M* mit dem Radius *MT*.

a) Konstruiere mit Zirkel und Lineal die Senkrechte zu *TM* durch *T*.
b) Ergänze die Strecke *TM* zum rechtwinkligen Dreieck *TMA*.
In diesem Dreieck ist *MA* die Hypothenuse.
Der Winkel ∢ *AMT* misst 60°.
c) Spiegle A an TM; nenne diesen Bildpunkt B.
d) Konstruiere das gleichseitige Dreieck ABC, dessen Inkreis K ist.

a) Beachte bei der Größe des Gitternetzes die Koordinaten der Punkte. Du benötigst nach oben noch Platz.
Trage die beiden Punkte ein und zeichne den Kreis K.
Zeichne die Senkrechte (= Lot) durch T zu TM.
b) Um das Dreieck zu zeichnen, musst du bei M den Winkel von 60° zeichnen. Der Schnittpunkt mit der Senkrechten ergibt Punkt A.
c) Der Bildpunkt B liegt auf der Verlängerung von AT im Abstand AT.
d) Da es sich um ein gleichseitiges Dreieck handelt, nimmst du die Seite AB in den Zirkel und schlägst von A und B aus je einen Halbkreis nach oben.
Der Schnittpunkt der beiden Halbkreise ist Punkt C.

10.

a) Zeichne um einen Punkt *M* einen Kreis mit dem Radius $r = 6$ cm.
Wähle einen Punkt *S* auf der Kreislinie und zeichne die Strecke *MS*.
b) Konstruiere die Mittelsenkrechte zur Strecke *MS* und bezeichne die Schnittpunkte mit der Kreislinie als *A* und *B*.
c) *A* und *B* sollen Eckpunkte eines rechtwinkligen Dreiecks sein, dessen dritter Punkt *C* auf dem Kreis liegt.
Konstruiere ein solches rechtwinkliges Dreieck.
d) Ergänze das Dreieck zu einem Rechteck *ABCD*.
e) Weise durch Konstruktion nach, dass die Winkelhalbierende des Winkels bei *C* nicht zugleich Diagonale des Rechtecks ist.

a) Markiere einen Punkt M und zeichne den Kreis. Mehr Platz brauchst du nicht.
Markiere den Punkt S und zeichne die Strecke MS.
b) Konstruiere die Mittelsenkrechte und kennzeichne die Punkte A und B.
c) Um das rechtwinklige Dreieck zu konstruieren, zeichne bei A oder B einen rechten Winkel ein.
d) Das Ergänzen zum Rechteck geht am besten auch wieder mit einem rechten Winkel.
e) Da du den Beweis durch Konstruktion führen sollst, zeichnest du die Winkelhalbierende des Winkel bei C ein.

Geometrische Konstruktionen zeichnen

Tipp: Ziehe die Konstruktionslinien dünn. Radiere keine Konstruktionslinien aus.

1. Schritt: *Die Koordinaten der Punkte ergeben die Größe des Gitternetzes.*
2. Schritt: *Der erste Wert ist immer der Wert der Rechtsachse (x-Achse), der zweite Wert ist der der Hochachse (y-Achse).*
3. Schritt: *Halte dich an die Angaben im Text und beschrifte deine Zeichnung, wie es angegeben ist.*

11. Zeichne ein Gitternetz mit Zentimetereinteilung und trage folgende Punkte ein: *A* (1 | 1), *B* (6 | 1), *C* (13 | 2,5), *D* (13 | 6), *E* (6 | 8,5), *F* (4,5 | 10,5) und *G* (1 | 8,5).
Verbinde die Punkte in alphabetischer Reihenfolge zu einem geschlossenen unregelmäßigen Vieleck.
Zerlege es in berechenbare Teilflächen.
Entnimm die erforderlichen Maße deiner Zeichnung und berechne den gesamten Flächeninhalt.

Beachte bei der Größe des Gitternetzes die Koordinaten der Punkte.
Da deine Zeichnung Grundlage für die Berechnung sein wird, musst du ganz genau zeichnen.
Selbstverständlich gibt es nun viele Möglichkeiten, dieses Vieleck in Teilflächen zu zerlegen.
Es empfiehlt sich jedoch mit parallelen Linien Flächen abzutrennen.
Eine Möglichkeit ist eine Hilfslinie EB und eine Linie GE einzuzeichnen.
Damit hast du ein Dreieck, ein Rechteck und ein Trapez zu berechnen.
Vergiss nicht, die drei Teilflächen am Ende zu addieren.

Berechnung der Dreiecksfläche: g = ____________ *h =* ____________

$A_{Dreieck}$ = ____

$A_{Dreieck}$ = ____

Berechnung der Rechtecksfläche: a = ____________ *b =* ____________

$A_{Rechteck}$ = ____

$A_{Rechteck}$= ____

Berechnung der Trapezfläche: a = ____________ *c=* ____________ *h =* ____________

A_{Trapez} = ____

A_{Trapez}= ____

Berechnung der Gesamtfläche:

A = ____

A = ____

Flächenberechnung

Tipp: Achte darauf, dass du immer mit den gleichen Flächenmaßen rechnest. Flächenmaße werden in m^2, cm^2 usw. angegeben. Gehe am besten so vor:

1. Schritt: *Lies die Aufgabe genau durch.*
2. Schritt: *Beachte unbedingt die Zeichnung, die zur Aufgabe gehört.*
3. Schritt: *Oft musst du die Maße dieser Zeichnung entnehmen. Achte darauf, in welcher Maßeinheit diese angegeben sind.*
4. Schritt: *Fertige, wenn nötig eine Hilfszeichnung an.*
5. Schritt: *Schreibe die Formeln auf, die du benötigst.*
6. Schritt: *Achte auf die Angaben zum Runden.*

1. Ein kreisrunder Pavillon mit einem Umfang von 18,84 m erhält ein kegelförmiges Kupferdach, das 1,6 m hoch ist.

a) Wie viele m² Kupferblech werden benötigt, wenn 15 % Verschnitt hinzugerechnet werden müssen?

b) Wie teuer wird das Dach des Pavillons, wenn für Montage 2 245 € berechnet werden und 1 m² Kupferblech 56 € kostet?

Hinweis: Rechne mit $\pi = 3,14$. Runde alle Zwischenergebnisse auf zwei Dezimalstellen.

a) Berechnung des Radius aus dem Umfang:

r = ______________________________

Berechnung der Seitenkante, die du für die Fläche des Kegelmantels benötigst (Satz des Pythagoras):

s = ______________________________

Berechnung der Fläche des Kegelmantels:

A_{Mantel} = ______________________________

____

____

Berechnung des Verschnitts: ______________________________

____

____

Gesamtfläche des Kupferblechs: ______________________________

b) Berechnung des Preises für das Kupferblech:

____

Berechnung des Gesamtpreises:

____

Flächenberechnung

***Tipp:* Achte darauf, dass du immer mit den gleichen Flächenmaßen rechnest. Flächenmaße werden in m^2, cm^2 usw. angegeben. Gehe am besten so vor:**

1. Schritt: *Lies die Aufgabe genau durch.*
2. Schritt: *Beachte unbedingt die Zeichnung, die zur Aufgabe gehört.*
3. Schritt: *Oft musst du die Maße dieser Zeichnung entnehmen. Achte darauf, in welcher Maßeinheit diese angegeben sind.*
4. Schritt: *Fertige, wenn nötig eine Hilfszeichnung an.*
5. Schritt: *Schreibe die Formeln auf, die du benötigst.*
6. Schritt: *Achte auf die Angaben zum Runden.*

2. Eine Leuchtmittelfirma entwirft für ein Unternehmen ein Logo (siehe Skizze). Berechne die grau dargestellte Acrylglasfläche.
Hinweis: Rechne mit $\pi = 3{,}14$

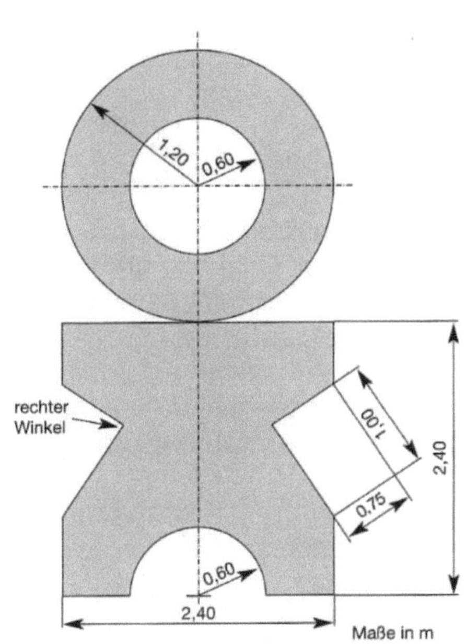

Die Fläche des Logos setzt sich aus 2 Teilflächen zusammen: einem Kreisring und einem Quadrat mit zwei gleichen dreieckigen (= eine rechteckige) und einer halbkreisförmigen Aussparung.

Berechnung des Kreisrings:

$A_{Kreisring}$ = *Fläche Außenkreis – Fläche Innenkreis*

$A_{Kreisring}$ = ______________________________

$A_{Kreisring}$ = ______________________________

Berechnung der Fläche des Quadrats:

$A_{Quadrat}$ = ______________________________

$A_{Quadrat}$ = ______________________________

Berechnung der Fläche des Dreiecks: (es ist ein rechtwinkliges Dreieck)

$A_{Dreieck}$ = ______________________________

$A_{Dreieck}$ = ______________________________

oder: Berechnung der Rechteckfläche:

$A_{Rechteck}$ = ______________________________

$A_{Rechteck}$ = ______________________________

Berechnung des Halbkreises:

$A_{Halbkreis}$ = ______________________________

$A_{Halbkreis}$ = ______________________________

Berechnung der unteren Fläche: A = ______________________________

Berechnung der Gesamtfläche: A = ______________________________

Flächenberechnung

Tipp: Achte darauf, dass du immer mit den gleichen Flächenmaßen rechnest. Flächenmaße werden in m^2, cm^2 usw. angegeben. Gehe am besten so vor:

1. Schritt: *Lies die Aufgabe genau durch.*
2. Schritt: *Beachte unbedingt die Zeichnung, die zur Aufgabe gehört.*
3. Schritt: *Oft musst du die Maße dieser Zeichnung entnehmen. Achte darauf, in welcher Maßeinheit diese angegeben sind.*
4. Schritt: *Fertige, wenn nötig eine Hilfszeichnung an.*
5. Schritt: *Schreibe die Formeln auf, die du benötigst.*
6. Schritt: *Achte auf die Angaben zum Runden.*

3. Der Fußboden einer Eingangshalle wird mit verschiedenfarbigem Marmor ausgelegt (siehe Skizze).

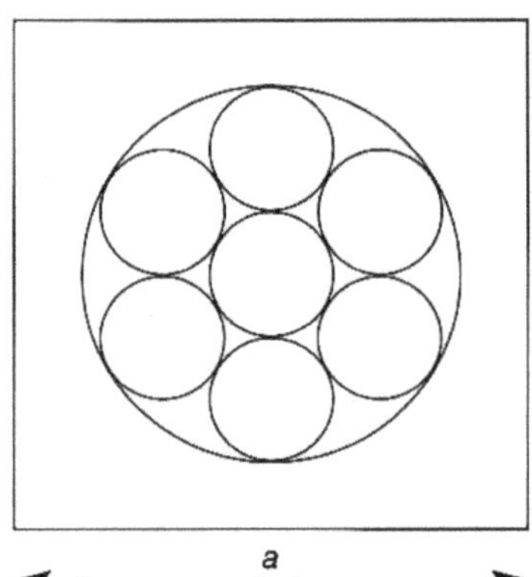

Die kleineren Kreise (r_1 = 1m) werden mit gelben, der Rest des großen Kreises (r_2 = 3 m) mit blauen und der Rest des Quadrates (a = 8m) mit weißen Marmorstücken ausgelegt. Folgende Tabelle gibt die Kosten pro m² und den Verschnitt an:

	Kosten pro m²	Verschnitt
weißer Marmor	135 €	10 %
gelber Marmor	145 €	15 %
blauer Marmor	160 €	15 %

Wie teuer kommt der Marmor für die abgebildete Fläche? Hinweis: Rechne mit π = 3,14

Berechnung der Fläche eines kleinen Kreises:

A_{Kreis} = ____________________

A_{Kreis} = ____________________

Berechnung der Gesamtfläche gelber Marmor:

A = ____________________

Berechnung des Verschnitts für den gelben Marmor:

____

____

____

Berechnung des Preises für den gelben Marmor:

____

Berechnung der Fläche des großen Kreises:

A_{Kreis} = ____

A_{Kreis} = ____

Berechnung der Gesamtfläche blauer Marmor (großer Kreis – kleine Kreise):

A = ____

____

____

Berechnung des Verschnitts für den blauen Marmor:

____

____

____

Berechnung des Preises für den blauen Marmor:

____

Berechnung der Quadratfläche:

$A_{Quadrat}$ = ____

$A_{Quadrat}$ = ____

Berechnung der Gesamtfläche weißer Marmor (Quadrat - großer Kreis):

A = ____

Berechnung des Verschnitts für den weißen Marmor:

____

____

____

Berechnung des Preises für den weißen Marmor:

____

Berechnung des Gesamtpreises für den Fußboden:

____

Der gesamte Fußboden kostet ____________________ *€.*

Flächenberechnung

***Tipp:* Achte darauf, dass du immer mit den gleichen Flächenmaßen rechnest. Flächenmaße werden in m^2, cm^2 usw. angegeben. Gehe am besten so vor:**

1. Schritt: *Lies die Aufgabe genau durch.*
2. Schritt: *Beachte unbedingt die Zeichnung, die zur Aufgabe gehört.*
3. Schritt: *Oft musst du die Maße dieser Zeichnung entnehmen. Achte darauf, in welcher Maßeinheit diese angegeben sind.*
4. Schritt: *Fertige, wenn nötig eine Hilfszeichnung an.*
5. Schritt: *Schreibe die Formeln auf, die du benötigst.*
6. Schritt: *Achte auf die Angaben zum Runden.*

4. Beim Betriebspraktikum im Kindergarten sollen Evi und Ute für ihre Gruppe 22 kegelförmige Spitzhüte außen mit bunter Metallfolie bekleben.

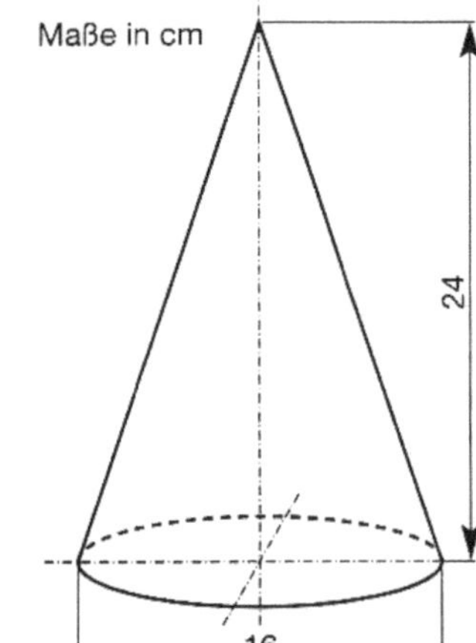

a) Wie viele Quadratmeter Folie werden insgesamt benötigt, wenn mit 20 % Verschnitt zu rechnen ist?
Hinweis: Entnimm die Maße der Skizze.
Rechne mit $\pi = 3,14$.
Runde alle Ergebnisse (auch Zwischenergebnisse) auf zwei Dezimalstellen.

b) Im Geschäft wird die Folie in Bögen von 80 cm Länge und 40 cm Breite angeboten.
Jeder Bogen kostet 3,95 €.
Wie viel müssen Evi und Ute bezahlen?

a) Berechnung der Seitenkante, die du für die Fläche des Kegelmantels benötigst (Satz des Pythagoras):

s = ____________________

Berechnung der Fläche des Kegelmantels:

A_{Mantel} = ____________________

____

____

benötigte Folie für 22 Hüte: ____________________

Berechnung des Verschnitts: ____________________

____

____

b) Fläche eines Bogens: ____________________

benötigte Bögen: ____________________

Berechnung der Kosten: ____________________

Flächenberechnung

Tipp: Achte darauf, dass du immer mit den gleichen Flächenmaßen rechnest. Flächenmaße werden in m^2, cm^2 usw. angegeben. Gehe am besten so vor:

1. Schritt: *Lies die Aufgabe genau durch.*
2. Schritt: *Beachte unbedingt die Zeichnung, die zur Aufgabe gehört.*
3. Schritt: *Oft musst du die Maße dieser Zeichnung entnehmen. Achte darauf, in welcher Maßeinheit diese angegeben sind.*
4. Schritt: *Fertige, wenn nötig eine Hilfszeichnung an.*
5. Schritt: *Schreibe die Formeln auf, die du benötigst.*
6. Schritt: *Achte auf die Angaben zum Runden.*

5. In einem Freizeitbad soll ein 80 cm tiefer Whirlpool eingebaut werden. Die Maße entnimm der Skizze, die den Whirlpool von oben gesehen darstellt.

a) Der Beckenboden und die Innenwände des Pools sollen gefliest werden. Wie viele m² Fliesen müssen bestellt werden, wenn mit einem Verschnitt von 5 % gerechnet werden muss.

b) Um den Beckenrand soll ein rutschfester Belag verlegt werden. 1 m² kostet 67 €. Wie teuer kommt der Belag?
Hinweis: Rechne mit $\pi = 3,14$.
Runde alle Ergebnisse (auch Zwischener gebnisse) auf 2 Dezimalstellen.

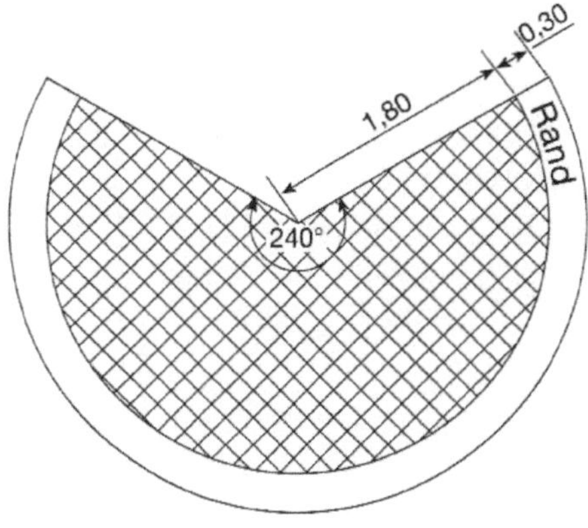

Längenmaße in m

a) Berechnung der Fläche des Beckenbodens (Kreisausschnitt mit dem Winkel von 240 °):

A = ______________________________

Berechnung der Fläche der runden Innenwand (Umfang : 360 · 240 · 0,80)

A = ______________________________

Berechnung der Fläche der beiden geraden Innenwände:

A = ______________________________

Berechnung der Gesamtfläche: A = ______________________________

Berechnung der benötigten Fliesen: ______________________________

____

____

b) Berechnung der Fläche des Beckenrandes (Ausschnitt eines Kreisrings):

A = ______________________________

Berechnung der Kosten: ______________________________

Flächenberechnung

Tipp: Achte darauf, dass du immer mit den gleichen Flächenmaßen rechnest. Flächenmaße werden in m², cm² usw. angegeben. Gehe am besten so vor:

1. Schritt: *Lies die Aufgabe genau durch.*
2. Schritt: *Beachte unbedingt die Zeichnung, die zur Aufgabe gehört.*
3. Schritt: *Oft musst du die Maße dieser Zeichnung entnehmen. Achte darauf, in welcher Maßeinheit diese angegeben sind.*
4. Schritt: *Fertige, wenn nötig eine Hilfszeichnung an.*
5. Schritt: *Schreibe die Formeln auf, die du benötigst.*
6. Schritt: *Achte auf die Angaben zum Runden.*

6. a) Die in der Skizze dargestellte Hoffläche wird mit Randsteinen eingefasst. Berechne den Umfang der Hoffläche.

b) Die Hoffläche wird mit einer 8 cm dicken Asphaltfläche belegt. Wie teuer kommt das Material, wenn eine Tonne (t) Asphalt 185 € kostet? Dichte Asphalt 2,3 t pro m³

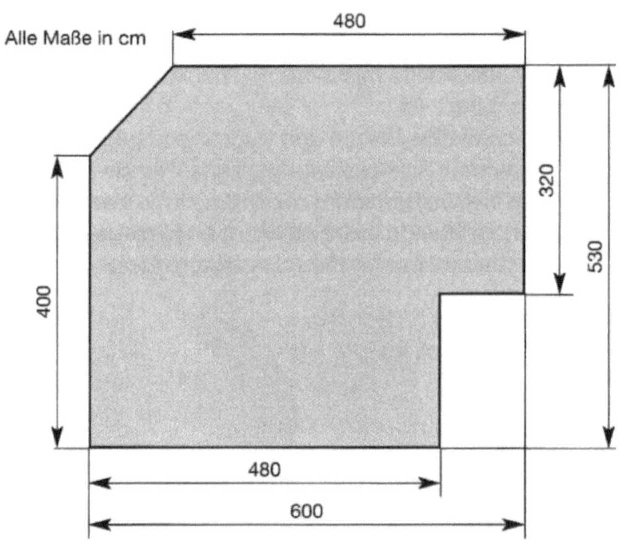

a) Die einzelnen Längen sind entweder in der Zeichnung enthalten, bzw. ergeben sich durch Subtraktion der angegebenen Maße.
Berechnung der Länge der Schräge (Satz des Pythagoras):

a = ______________________

= ______________________

b = ______________________

= ______________________

c = ______________________

= ______________________

d = ______________________

= ______________________

e = ______________________

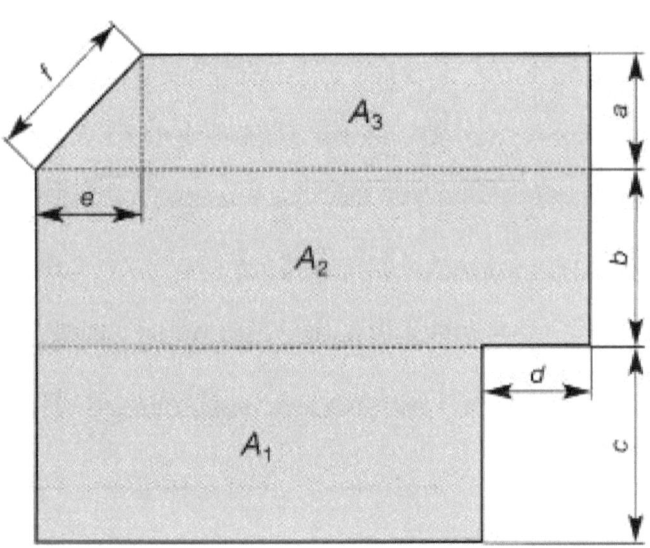

$f =$ ____________________

$=$ ____________________

Berechnung des Umfangs des gesamten Hofes:

$u =$ ____________________

b) *Berechnung der Gesamtfläche (es gibt mehrere Möglichkeiten):*

Teile die Fläche wie in der Hilfszeichnung angegeben ein und berechne die drei Teilflächen (A_1 = Rechteck, A_2 = Rechteck, A_3 = Trapez)

Berechnung der unteren Rechtecksfläche:

$A_1 =$ ____________________

$A_1 =$ ____________________

Berechnung der mittleren Rechtecksfläche:

$A_2 =$ ____________________

$A_2 =$ ____________________

Berechnung der Trapezfläche:

$A_3 =$ ____________________

$A_3 =$ ____________________

Berechnung der Gesamtfläche:

____

Berechnung des Volumens der Asphaltdecke:

$V =$ ____________________

$V =$ ____________________

Berechnung der Masse der Asphaltdecke:

$m =$ ____________________

$m =$ ____________________

Berechnung des Materialpreises:

____

Flächenberechnung

Tipp: Achte darauf, dass du immer mit den gleichen Flächenmaßen rechnest.
Flächenmaße werden in m², cm² usw. angegeben. Gehe am besten so vor:

1. Schritt: *Lies die Aufgabe genau durch.*
2. Schritt: *Beachte unbedingt die Zeichnung, die zur Aufgabe gehört.*
3. Schritt: *Oft musst du die Maße dieser Zeichnung entnehmen. Achte darauf, in welcher Maßeinheit diese angegeben sind.*
4. Schritt: *Fertige, wenn nötig eine Hilfszeichnung an.*
5. Schritt: *Schreibe die Formeln auf, die du benötigst.*
6. Schritt: *Achte auf die Angaben zum Runden.*

7. Eine Firma stellt ihre Produkte auf einer Fläche aus, die die Form eines regelmäßigen Fünfecks hat.
Eine Fünfeckseite misst 6,8 m. Der Abstand der fünf Eckpfosten vom Mittelpunkt des Fünfecks beträgt jeweils 5,8 m.

a) Zeichne eine Skizze und trage die angegebenen Maße ein.
b) Berechne die Ausstellungsfläche. Runde auf ganze m².
c) Wie viel Standgebühr muss die Firma bezahlen, wenn 1 m² Ausstellungsfläche 39 € kostet?
d) Auf die Standgebühr erhebt die Messegesellschaft eine 30 %igen Aufschlag.
Wie hoch sind die Gesamtkosten für die Ausstellungsfläche, wenn dann noch 19 % MwSt dazukommen?

a) Fertige die Skizze an und trage alle Maße ein: *Skizze:*

Berechnung der Höhe des Bestimmungdreiecks, die du für die Fläche dieses Dreiecks benötigst (Satz des Pythagoras):

h = ______________________

Berechnung des Bestimmungsdreiecks:

$A_{Dreieck}$ = ______________________

$A_{Dreieck}$ = ______________________

Berechnung der Fläche des Fünfecks: $A_{Fünfeck}$ = ______________________

Berechnung der Standgebühr: ______________________

d) Berechnung des Aufschlags: ______________________

____

____

d) Berechnung der MwSt: ______________________

____

____

Gesamtkosten: ______________________

Flächenberechnung

Tipp: Achte darauf, dass du immer mit den gleichen Flächenmaßen rechnest. Flächenmaße werden in m^2, cm^2 usw. angegeben. Gehe am besten so vor:

__1. Schritt:__ Lies die Aufgabe genau durch.
__2. Schritt:__ Beachte unbedingt die Zeichnung, die zur Aufgabe gehört.
__3. Schritt:__ Oft musst du die Maße dieser Zeichnung entnehmen. Achte darauf, in welcher Maßeinheit diese angegeben sind.
__4. Schritt:__ Fertige, wenn nötig eine Hilfszeichnung an.
__5. Schritt:__ Schreibe die Formeln auf, die du benötigst.
__6. Schritt:__ Achte auf die Angaben zum Runden.

8. Aus Blech wird eine Kastenform für Kuchen hergestellt (siehe Skizze):

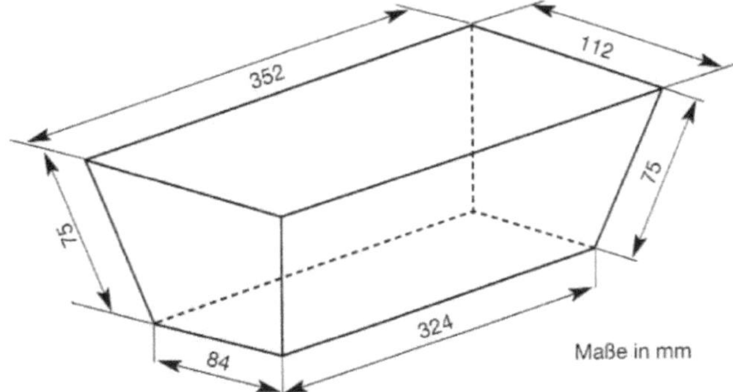

Berechne die Fläche des zu verwendenden Blechs, wenn für die Falze ein Mehrbedarf von 7 % zu berücksichtigen ist.
Hinweis: Runde alle Ergebnisse, auch Zwischenergebnisse, auf ganze Zahlen.

Berechnung der Höhe der Form, die du für die Trapezflächen benötigst (Satz des Pythagoras):

h = ______________________________

Berechnung der 2 Stirnflächen (Trapez):

A_{Trapez} = ______________________

A_{Trapez} = ______________________

Berechnung der 2 Seitenflächen (Trapez):

A_{Trapez} = ______________________

A_{Trapez} = ______________________

Berechnung der Rechteckfläche:

$A_{Rrechteckz}$ = ______________________

$A_{Rrechteckz}$ = ______________________

Berechnung der Gesamtfläche:

A = ______________________

A = ______________________

Berechnung des Verschnitts: ______________________

____

____

Es werden insgesamt ______________ *Blech benötigt.*

Flächenberechnung

Tipp: Achte darauf, dass du immer mit den gleichen Flächenmaßen rechnest. Flächenmaße werden in m², cm² usw. angegeben. Gehe am besten so vor:

1. Schritt: *Lies die Aufgabe genau durch.*
2. Schritt: *Beachte unbedingt die Zeichnung, die zur Aufgabe gehört.*
3. Schritt: *Oft musst du die Maße dieser Zeichnung entnehmen. Achte darauf, in welcher Maßeinheit diese angegeben sind.*
4. Schritt: *Fertige, wenn nötig eine Hilfszeichnung an.*
5. Schritt: *Schreibe die Formeln auf, die du benötigst.*
6. Schritt: *Achte auf die Angaben zum Runden.*

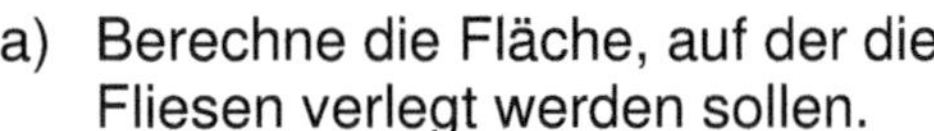

9. Das Therapiebecken eines Thermalbades soll mit einer 1 m breiten Fliesenumrandung versehen werden (siehe Skizze). Die beauftragte Firma berechnet 184,90 € pro m². Der besondere Aufwand beim Verlegen der Fliesen wird mit einer Kostenpauschale von 4 % der Gesamtkosten in Rechnung gestellt.

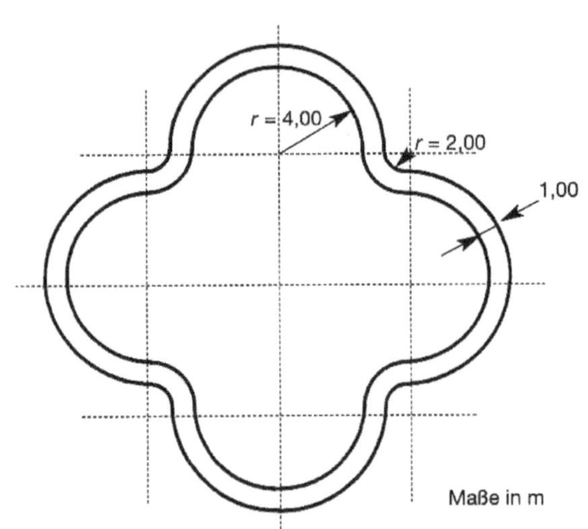

a) Berechne die Fläche, auf der die Fliesen verlegt werden sollen.

b) Berechne die Kosten dieser Baumaßnahme.
Hinweis: Rechne mit $\pi = 3{,}14$

Die Gesamtfläche setzt sich aus 4 großen Halbkreisringen (= 2 ganze Kreisringe) und 4 kleinen Viertelkreisringen (= 1 Kreisring zusammen).

a) Berechnung der 2 großen Kreisringe:

$A_{Kreisring}$ = ______________________________

$A_{Kreisring}$ = ______________________________

Berechnung des kleinen Kreisrings

$A_{Kreisring}$ = ______________________________

$A_{Kreisring}$ = ______________________________

Berechnung der Gesamtfläche:

A = ____

b) Berechnung der Kosten:

____

Berechnung des Mehrpreises:

____

____

Berechnung der Gesamtkosten: ____

Flächenberechnung

***Tipp:* Achte darauf, dass du immer mit den gleichen Flächenmaßen rechnest. Flächenmaße werden in m^2, cm^2 usw. angegeben. Gehe am besten so vor:**

1. Schritt: *Lies die Aufgabe genau durch.*
2. Schritt: *Beachte unbedingt die Zeichnung, die zur Aufgabe gehört.*
3. Schritt: *Oft musst du die Maße dieser Zeichnung entnehmen. Achte darauf, in welcher Maßeinheit diese angegeben sind.*
4. Schritt: *Fertige, wenn nötig eine Hilfszeichnung an.*
5. Schritt: *Schreibe die Formeln auf, die du benötigst.*
6. Schritt: *Achte auf die Angaben zum Runden.*

10. Ein rechteckiges Grundstück muss im Rahmen einer Erschließungsmaßnahme für den Bau einer Straße geteilt werden. Dabei entstehen eine dreieckige und eine trapezförmige Fläche (s. Skizze).

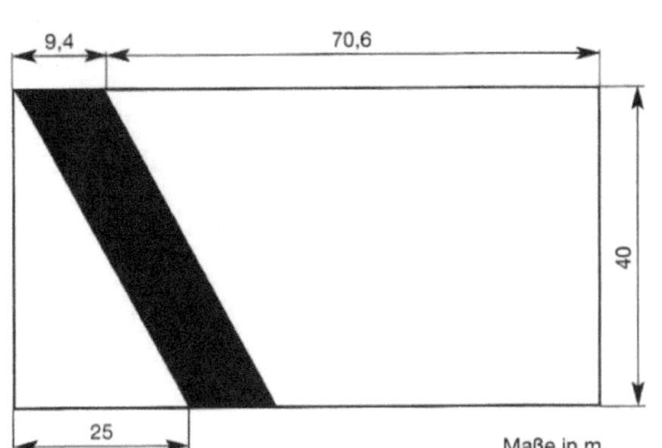

a) Wie groß ist die abgetrennte Dreiecksfläche?
b) Beide Grundstücke sollen entlang der Straße durch einen Gartenzaun gesichert werden.
Wie viele Meter Gartenzaun werden insgesamt benötigt?
c) Das verbleibende trapezförmige Baugrundstück soll in vier gleich große Flächen aufgeteilt werden.
Berechne den Preis für einen Bauplatz, wenn ein Quadratmeter 285 € kostet.

a) Berechnung der Dreiecksfläche (rechtwinkliges Dreieck):

$A_{Dreieck} =$ ____________________

$A_{Dreieck} =$ ____________________

b) Berechnung einer langen Straßenseite (Satz des Pythagoras):

$c =$ ____________________

$c =$ ____________________

Berechnung der Länge des Zaunes: $l =$ ____________________

c) Berechnung der Fläche des Trapezes:

$A_{Trapez} =$ ____________________

$A_{Trapez} =$ ____________________

Berechnung der Fläche eines Grundstücks: *Berechnung des Grundstückspreises:*

$A =$ ____________________ ____________________

Raumlehre

Tipp: Achte darauf, dass du immer mit den gleichen Raummaßen rechnest. Raummaße werden in m^3, cm^3 usw. angegeben. Gehe am besten so vor:

1. Schritt: *Lies die Aufgabe genau durch.*
2. Schritt: *Beachte unbedingt die Zeichnung, die zur Aufgabe gehört.*
3. Schritt: *Oft musst du die Maße dieser Zeichnung entnehmen. Achte darauf, in welcher Maßeinheit diese angegeben sind.*
4. Schritt: *Fertige, wenn nötig eine Hilfszeichnung an.*
5. Schritt: *Schreibe die Formeln auf, die du benötigst.*
6. Schritt: *Achte auf die Angaben zum Runden.*

1. Aus einem 1,20 m langen Balken aus Eichenholz werden der Länge nach zwei gleich große Kehlungen und eine Schwalbenschwanznut in Form eines gleichschenkligen Trapezes herausgefräst (siehe Querschnittsskizze).
Berechne die Masse des fertigen Werkstückes in kg.
Hinweis: Dichte (Eichenholz): 0,86 g/cm³
Runde alle Ergebnisse (auch Zwischenergebnisse) auf zwei Dezimalstellen.

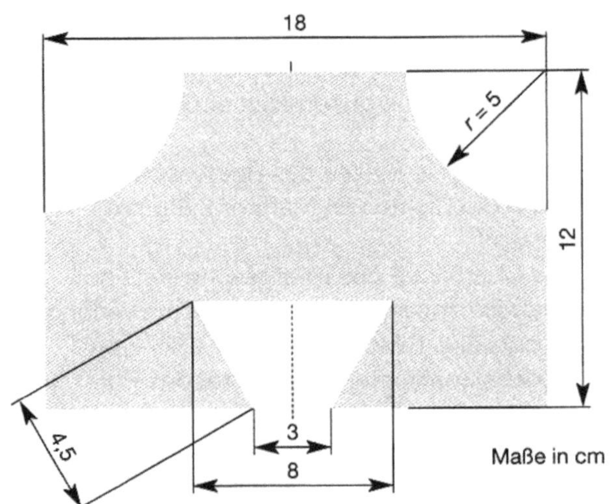

Um die dunkle Fläche zu berechnen, benötigst du die Fläche des ganzen Rechtecks. Davon subtrahierst du zwei Viertelkreise (= ein Halbkreis) und das Trapez.

Berechnung der Rechteckfläche:

$A_{Rechteck}$ = ____________________

$A_{Rechteck}$ = ____________________

Berechnung der Halbkreisfläche:

$A_{Halbkreis}$ = ____________________

$A_{Halbkreis}$ = ____________________

Berechnung der Höhe des Trapezes (Satz des Pythagoras):

h_{Trapez} = ____

Berechnung der Trapezfläche:

A_{Trapez} = ____________________

A_{Trapez} = ____________________

Berechnung der Gesamtfläche:

A = ____________________

A = ____________________

Berechnung des Volumens:

V = ____________________

V = ____________________

Berechnung der Masse

m = ____________________

m = ____________________

Raumlehre

Tipp: Achte darauf, dass du immer mit den gleichen Raummaßen rechnest. Raummaße werden in m³, cm³ usw. angegeben. Gehe am besten so vor:

__1. Schritt:__ Lies die Aufgabe genau durch.
__2. Schritt:__ Beachte unbedingt die Zeichnung, die zur Aufgabe gehört.
__3. Schritt:__ Oft musst du die Maße dieser Zeichnung entnehmen. Achte darauf, in welcher Maßeinheit diese angegeben sind.
__4. Schritt:__ Fertige, wenn nötig eine Hilfszeichnung an.
__5. Schritt:__ Schreibe die Formeln auf, die du benötigst.
__6. Schritt:__ Achte auf die Angaben zum Runden.

2. Ein Briefbeschwerer aus Marmor hat die Form einer Pyramide mit quadratischer Grundfläche ($A = 9\ cm^2$).

a) Berechne die Masse des Briefbeschwerers, wenn die Dichte von Marmor 2,8 g beträgt.

b) Die Oberfläche des Briefbeschwerers soll hochglanzpoliert werden. Die Firma verlangt einschließlich Mehrwertsteuer 1,65 € pro cm². Was kostet das Polieren?
Hinweis: Runde alle Ergebnisse auf zwei Dezimalstellen.

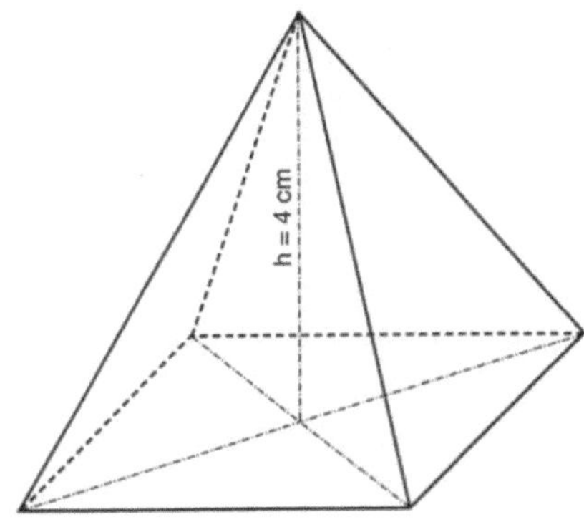

a) Berechnung des Volumens:

$V_{Pyramide}$ = ______________________

$V_{Pyramide}$ = ______________________

Berechnung der Masse:

m = ______________________

m = ______________________

b) Berechnung der Grundseitenlänge:

a = ______________________

a = ______________________

Berechnung der Dreieckshöhe, die für die Oberfläche nötig ist (Satz des Pythagoras)

h = ______________________

h = ______________________

Berechnung der Oberfläche:

$O_{Pyramide}$ = ______________________

$O_{Pyramide}$ = ______________________

$O_{Pyramide}$ = ______________________

Berechnung des Preises:

____

____

Berechnung der Mehrwertsteuer: ______________________

____

____

Gesamtpreis: ______________________

Raumlehre

Tipp: Achte darauf, dass du immer mit den gleichen Raummaßen rechnest. Raummaße werden in m^3, cm^3 usw. angegeben. Gehe am besten so vor:

__1. Schritt:__ Lies die Aufgabe genau durch.
__2. Schritt:__ Beachte unbedingt die Zeichnung, die zur Aufgabe gehört.
__3. Schritt:__ Oft musst du die Maße dieser Zeichnung entnehmen. Achte darauf, in welcher Maßeinheit diese angegeben sind.
__4. Schritt:__ Fertige, wenn nötig eine Hilfszeichnung an.
__5. Schritt:__ Schreibe die Formeln auf, die du benötigst.
__6. Schritt:__ Achte auf die Angaben zum Runden.

3. Der Kopf eines Trennmeißels (siehe Skizze) ist aus Stahl gefertigt. Bestimme seine Masse in Kilogramm. Hinweise: Dichte des Stahls: 8,9 g / cm³ Rechne mit $\pi = 3{,}14$

Um das Volumen des gesamten Körpers zu berechnen, benötigst du zunächst die Grundfläche. So setzt sie sich zusammen: Rechteck – Quadrat – Kreis + Dreieck

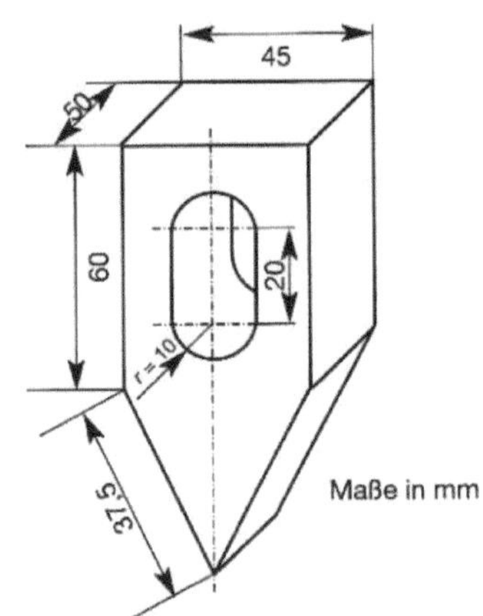

Berechnung der Rechtecksfläche:

$A_{Rechteck}$ = ______________________________

$A_{Rechteck}$ = ______________________________

Berechnung der Quadratfläche:

$A_{Quadrat}$ = ______________________________

$A_{Quadrat}$ = ______________________________

Berechnung der Kreisfläche:

A_{Kreis} = ______________________________

A_{Kreis} = ______________________________

Berechnung der Dreieckshöhe (Satz des Pythagoras):

h = ______________________________

Berechnung des Dreiecks:

$A_{Dreieck}$ = ______________________________

$A_{Dreieck}$ = ______________________________

Berechnung der Gesamtfläche:

A = ______________________________

A = ______________________________

Berechnung des Volumens:

V = ______________________________

V = ______________________________

Berechnung der Masse:

m = ______________________________

m = ______________________________

Umrechnung in der Masse in kg: m = ______________________________

Hinweis: Selbstverständlich kannst du auch gleich das Volumen der einzelnen Körper (Rechtecksäule, Dreiecksäule, Quadratsäule und Zylinder) berechnen. Durch Runden können eventuell kleine Abweichungen in den Ergebnissen auftreten.

Raumlehre

Tipp: Achte darauf, dass du immer mit den gleichen Raummaßen rechnest. Raummaße werden in m³, cm³ usw. angegeben. Gehe am besten so vor:

__1. Schritt:__ Lies die Aufgabe genau durch.
__2. Schritt:__ Beachte unbedingt die Zeichnung, die zur Aufgabe gehört.
__3. Schritt:__ Oft musst du die Maße dieser Zeichnung entnehmen. Achte darauf, in welcher Maßeinheit diese angegeben sind.
__4. Schritt:__ Fertige, wenn nötig eine Hilfszeichnung an.
__5. Schritt:__ Schreibe die Formeln auf, die du benötigst.
__6. Schritt:__ Achte auf die Angaben zum Runden.

4. Ein Werkstück hat die Form einer Pyramide mit quadratischer Grundfläche. Aus ihm wird ein Zylinder mit einem Volumen von 706,5 cm³ herausgefräst (s. Skizze). Die Grundfläche der Pyramide hat einen Umfang von 144 cm, die Grundfläche des Zylinders beträgt 353,25 cm².

a) Berechne die Höhe der Pyramide.
b) Wie groß ist das Volumen des fertigen Werkstücks?
c) Wie viele Kilogramm hat das fertige Werkstück aus Gusseisen (Dichte 7,25 g/cm³)? Runde auf ganze kg.
d) Berechne die Höhe des herausgefrästen Zylinders.

Seitenhöhe s_h = 30 cm

a) Berechnung einer Grundseite der Pyramide (aus dem Umfang):

a = ______________________________

Berechnung der Höhe der Pyramide (Satz des Pythagoras):

h_k = ______________________________

b) Berechnung des Volumens der Pyramide:

$V_{Pyramide}$ = ______________________________

$V_{Pyramide}$ = ______________________________

Berechnung des Volumens des Werkstücks:

V = ______________________________

c) Berechnung der Masse des Werkstücks:

m = ______________________________

m = ______________________________

d) Berechnung der Höhe des Kegels (aus Grundfläche und Volumen):

h_k = ______________________________

Raumlehre

Tipp: Achte darauf, dass du immer mit den gleichen Raummaßen rechnest. Raummaße werden in m³, cm³ usw. angegeben. Gehe am besten so vor:

1. Schritt: *Lies die Aufgabe genau durch.*
2. Schritt: *Beachte unbedingt die Zeichnung, die zur Aufgabe gehört.*
3. Schritt: *Oft musst du die Maße dieser Zeichnung entnehmen. Achte darauf, in welcher Maßeinheit diese angegeben sind.*
4. Schritt: *Fertige, wenn nötig eine Hilfszeichnung an.*
5. Schritt: *Schreibe die Formeln auf, die du benötigst.*
6. Schritt: *Achte auf die Angaben zum Runden.*

5. Die Skizze zeigt ein Betonrohr, dessen Querschnitt sich aus einem Halbkreis und einem Trapez zusammensetzt. Die Dichte von Beton beträgt 2,3 g/cm³.

a) Berechne die schraffierte Fläche. Hinweis rechne mit $\pi = 3{,}14$

b) Wie viele kg wiegt ein 1,50 m langes Rohr? Hinweis: Runde auf ganze kg.

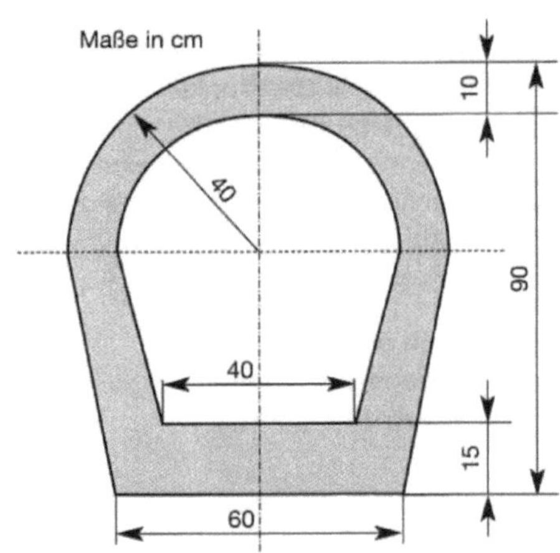

a) Die schraffierte Fläche setzt sich aus einem Halbkreisring und der Differenz der beiden Trapezflächen zusammen.

Berechnung des Halbkreisringes:

$A_{Halbkreisring}$ = ______________________________

$A_{Halbkreisring}$ = ______________________________

Hinweis: Achte bei der Berechnung der Trapeze genau auf die Maße in der Zeichnung. Du erfährst dort alle notwendigen Angaben.

Berechnung der großen Trapezfläche:

$A_{Trapez\ gr.}$ = ______________________

$A_{Trapez\ gr.}$ = ______________________

Berechnung der kleinen Trapezfläche:

$A_{Trapez\ kl.}$ = ______________________

$A_{Trapez\ kl.}$ = ______________________

Berechnung der Differenz beider Trapezflächen:

A = ______________________________

Berechnung der gesamten schraffierten Fläche:

A = ______________________________

b) Berechnung des Volumens: *V* = ______________________

Berechnung der Masse: *m* = ______________________

Umrechnung in kg:

m = ______________________

Raumlehre

Tipp: Achte darauf, dass du immer mit den gleichen Raummaßen rechnest. Raummaße werden in m^3, cm^3 usw. angegeben. Gehe am besten so vor:

1. Schritt: *Lies die Aufgabe genau durch.*
2. Schritt: *Beachte unbedingt die Zeichnung, die zur Aufgabe gehört.*
3. Schritt: *Oft musst du die Maße dieser Zeichnung entnehmen. Achte darauf, in welcher Maßeinheit diese angegeben sind.*
4. Schritt: *Fertige, wenn nötig eine Hilfszeichnung an.*
5. Schritt: *Schreibe die Formeln auf, die du benötigst.*
6. Schritt: *Achte auf die Angaben zum Runden.*

6. Ein Modellschreiner dreht aus einer Säule mit quadratischer Grundfläche (a = 40 cm) den größtmöglichen Kegel mit der Mantellinie s = 28 cm. Säule und Kegel haben die gleiche Höhe.

a) Fertige eine Skizze an.

b) Berechne die Höhe der Säule. Runde auf eine Dezimalstelle.

c) Berechne den bei der Herstellung des Kegels entstehenden Abfall in cm^3 und in %. Runde alle Ergebnisse – auch Zwischenergebnisse – auf zwei Dezimalstellen.
Hinweis: Rechne mit $\pi = 3,14$.

Skizze:

a) Fertige selbst eine Skizze an und trage die bekannten Maße ein.

b) Da der Kegel größtmöglich sein soll, entspricht sein Durchmesser der Grundseite der Quadratsäule.

Berechnung des Kegelradius:

r = ____

Berechnung der Höhe des Kegels (= Höhe der Quadratsäule; Satz des Pythagoras):

h_k = ____

c) Berechnung des Volumens der Quadratsäule:

$V_{Quadratsäule}$ = ________________________

$V_{Quadratsäule}$ = ________________________

Berechnung des Volumens des Kegels:

V_{Kegel} = ________________________

V_{Kegel} = ________________________

Berechnung des Abfalls in cm^3:

____

Berechnung des Abfalls in %:

____

____

____

Raumlehre

Tipp: Achte darauf, dass du immer mit den gleichen Raummaßen rechnest. Raummaße werden in m^3, cm^3 usw. angegeben. Gehe am besten so vor:

1. Schritt: *Lies die Aufgabe genau durch.*
2. Schritt: *Beachte unbedingt die Zeichnung, die zur Aufgabe gehört.*
3. Schritt: *Oft musst du die Maße dieser Zeichnung entnehmen. Achte darauf, in welcher Maßeinheit diese angegeben sind.*
4. Schritt: *Fertige, wenn nötig eine Hilfszeichnung an.*
5. Schritt: *Schreibe die Formeln auf, die du benötigst.*
6. Schritt: *Achte auf die Angaben zum Runden.*

7. Die Skizze zeigt ein Werkstück aus Aluminium. Es besteht aus einer quadratischen Pyramide mit einer kegelförmigen Vertiefung. Die Höhe des Kegels beträgt $\frac{3}{7}$ der Höhe der Pyramide.

a) Wie groß ist das Volumen des Werkstücks? Rechne mit $\pi = 3{,}14$.

b) Berechne die Masse des Werkstücks in Gramm. Dichte Aluminium: 2,7 g/cm³.
Zur Herstellung mehrerer Werkstücke wird ein Aluminiumquader mit den Maßen $a = 0{,}7$ m; $b = 0{,}8$ m und $c = 46{,}2$ cm eingeschmolzen. Wie viele ganze Werkstücke können daraus gegossen werden?

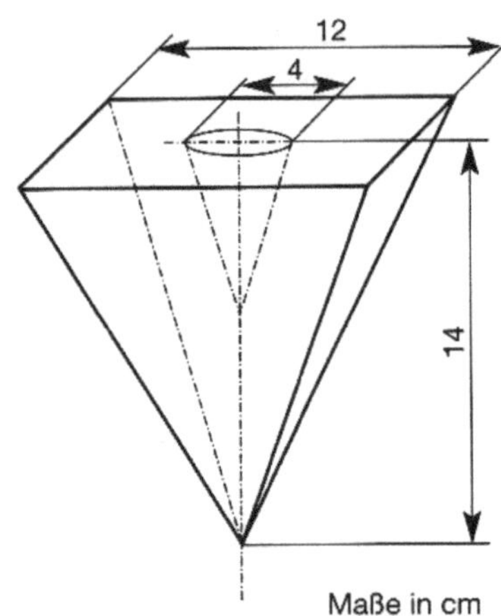

a) Berechnung des Volumens der Pyramide:

$V_{Pyramide}$ = ______________________________

$V_{Pyramide}$ = ______________________________

Berechnung der Höhe des Kegels:

h_k = ______________________________

Berechnung des Volumens des Kegels:

V_{Kegel} = ______________________________

V_{Kegel} = ______________________________

Berechnung des Volumens des Werkstücks:

V = ______________________________

V = ______________________________

b) Berechnung der Masse des Werkstücks:

m = ______________________________

m = ______________________________

c) Berechnung des Quadervolumens:

V_{Quader} = ______________________________

V_{Quader} = ______________________________

Berechnung der Anzahl der möglichen Werkstücke:

____

Es können ____________________ *ganze Werkstücke hergestellt werden.*

Raumlehre

Tipp: Achte darauf, dass du immer mit den gleichen Raummaßen rechnest. Raummaße werden in m^3, cm^3 usw. angegeben. Gehe am besten so vor:

__1. Schritt:__ Lies die Aufgabe genau durch.
__2. Schritt:__ Beachte unbedingt die Zeichnung, die zur Aufgabe gehört.
__3. Schritt:__ Oft musst du die Maße dieser Zeichnung entnehmen. Achte darauf, in welcher Maßeinheit diese angegeben sind.
__4. Schritt:__ Fertige, wenn nötig eine Hilfszeichnung an.
__5. Schritt:__ Schreibe die Formeln auf, die du benötigst.
__6. Schritt:__ Achte auf die Angaben zum Runden.

8. Aus Bandstahl mit einer Dicke von 5 Millimetern werden Bauelemente gestanzt (siehe Skizze). Berechne die Masse eines Bauelements.
Dichte Stahl = 7,8 g/cm³
Rechne mit π 3,14.

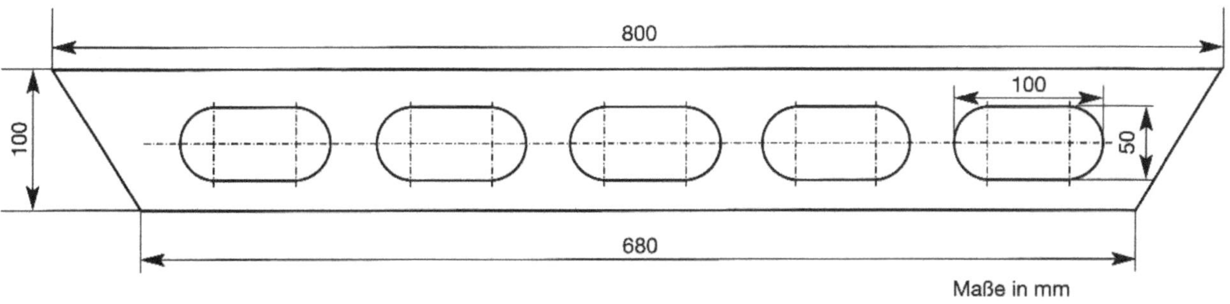

So setzt sich die Grundfläche des Bauelements zusammen:
Trapezfläche – 5 Quadratflächen – 10 Halbkreisflächen (= 5 Kreisflächen)

Berechnung der Trapezfläche:

A_{Trapez} = ________________________

A_{Trapez} = ________________________

Berechnung der Quadratfläche:

$A_{Quadrat}$ = ________________________

$A_{Quadrat}$ = ________________________

Berechnung der Kreisfläche:

A_{Kreis} = ________________________

A_{Kreis} = ________________________

Berechnung der Gesamtfläche:

A = ____

Berechnung der Masse:

m = ________________________

m = ________________________

Raumlehre

Tipp: Achte darauf, dass du immer mit den gleichen Raummaßen rechnest. Raummaße werden in m^3, cm^3 usw. angegeben. Gehe am besten so vor:

__1. Schritt:__ Lies die Aufgabe genau durch.
__2. Schritt:__ Beachte unbedingt die Zeichnung, die zur Aufgabe gehört.
__3. Schritt:__ Oft musst du die Maße dieser Zeichnung entnehmen. Achte darauf, in welcher Maßeinheit diese angegeben sind.
__4. Schritt:__ Fertige, wenn nötig eine Hilfszeichnung an.
__5. Schritt:__ Schreibe die Formeln auf, die du benötigst.
__6. Schritt:__ Achte auf die Angaben zum Runden.

9. In einem Schulgarten soll auf ein kreisförmiges Beet mit einem Durchmesser von 1,60 m ein pyramidenförmiges Gerüst für Kletterpflanzen errichtet werden. Vier Ecken berühren den Rand des Beetes in gleichen Abständen. Die Pyramide soll doppelt so hoch wie die Länge einer Grundseite sein.

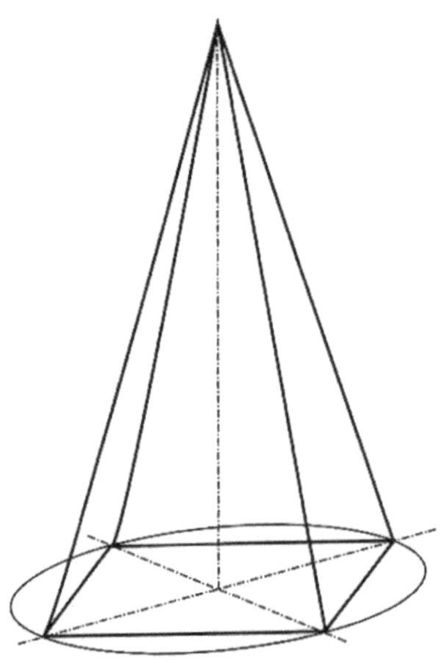

Berechne die Gesamtlänge der acht Holzlatten und rechne 10 % Verschnitt dazu.

(Runde alle Ergebnisse (auch Zwischenergebnisse) auf drei Kommastellen.)

Der Durchmesser des Kreises ist genauso lang wie die Diagonale des Quadrates.

Berechnung der Seitenlänge des Quadrates (Satz des Pythagoras):

a = ______________________________

Berechnung der Höhe der Pyramide:

h_k = ______________________________

Berechnung der Seitenkante der Pyramide (Satz des Pythagoras):

s = ______________________________

Berechnung der Gesamtlänge aller Kanten (4 Grundkanten, 4 Seitenkanten):

l = ______________________________

Berechnung des Verschnitts: ______________________________

____

____

Es werden insgesamt ____________________ *m Latten gebraucht.*

Raumlehre

Tipp: Achte darauf, dass du immer mit den gleichen Raummaßen rechnest. Raummaße werden in m^3, cm^3 usw. angegeben. Gehe am besten so vor:

1. Schritt: *Lies die Aufgabe genau durch.*
2. Schritt: *Beachte unbedingt die Zeichnung, die zur Aufgabe gehört.*
3. Schritt: *Oft musst du die Maße dieser Zeichnung entnehmen. Achte darauf, in welcher Maßeinheit diese angegeben sind.*
4. Schritt: *Fertige, wenn nötig eine Hilfszeichnung an.*
5. Schritt: *Schreibe die Formeln auf, die du benötigst.*
6. Schritt: *Achte auf die Angaben zum Runden.*

10. Ein Behälter hat die Form einer regelmäßigen Sechsecksäule mit rechteckiger Öffnung (siehe Skizze). Berechne die äußere Oberfläche des Behälters. Runde die Höhe des Bestimmungsdreiecks auf 2 Dezimalstellen.

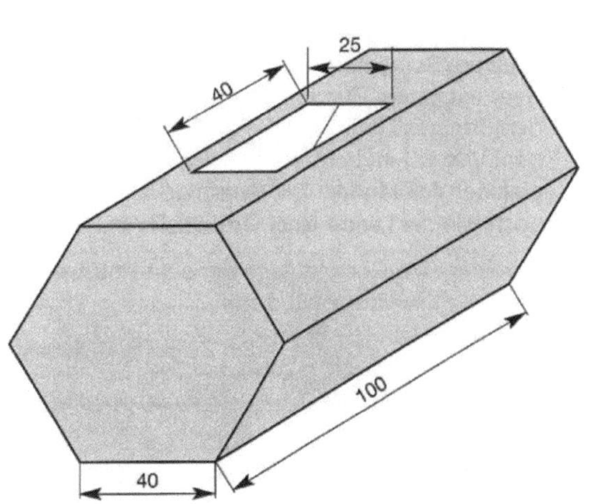

Die Oberfläche dieses Körpers setzt sich aus folgenden Teilflächen zusammen
2 regelmäßige Sechsecke + 6 Rechtecke – Aussparung (= Rechteck)

Denke daran, dass das Bestimmungsdreieck eines regelmäßigen Sechsecks ein gleichseitiges Dreieck ist.
Berechnung der Höhe des Bestimmungsdreiecks (Satz des Pythagoras):

h = ____________________

Berechnung der Fläche des Sechsecks:

$A_{Sechseck}$ = ____________________

$A_{Sechseck}$ = ____________________

Berechnung der Fläche des Rechtecks:

$A_{Rechteck}$ = ____________________

$A_{Rechteck}$ = ____________________

Berechnung der Fläche der Aussparung:

$A_{Rechteck}$ = ____________________

$A_{Rechteck}$ = ____________________

Berechnung der gesamten Oberfläche:

O = ____________________

Raumlehre

Tipp: Achte darauf, dass du immer mit den gleichen Raummaßen rechnest. Raummaße werden in m³, cm³ usw. angegeben. Gehe am besten so vor:

1. Schritt: *Lies die Aufgabe genau durch.*
2. Schritt: *Beachte unbedingt die Zeichnung, die zur Aufgabe gehört.*
3. Schritt: *Oft musst du die Maße dieser Zeichnung entnehmen. Achte darauf, in welcher Maßeinheit diese angegeben sind.*
4. Schritt: *Fertige, wenn nötig eine Hilfszeichnung an.*
5. Schritt: *Schreibe die Formeln auf, die du benötigst.*
6. Schritt: *Achte auf die Angaben zum Runden.*

11. Landwirt Sauerbrey hat für seine Beregnungsanlage ein Wasserrückhaltebecken bauen lassen (siehe Skizze).
Es wird bis zum Rand gefüllt. Drei Pumpen mit gleicher Förderleistung liefern zusammen 42 000 Liter pro Stunde.

a) Berechne das Volumen des Beckens.

b) Wie lange dauert das Füllen des Beckens, wenn nach 3 Stunden eine Pumpe ausfällt?
Wie lange bräuchten vier Pumpen bei einer Förderleistung von je 15 000 l pro Stunde zur Füllung des gesamten Beckens.
Hinweis: Gib alle Füllzeiten in Stunden und Minuten an.

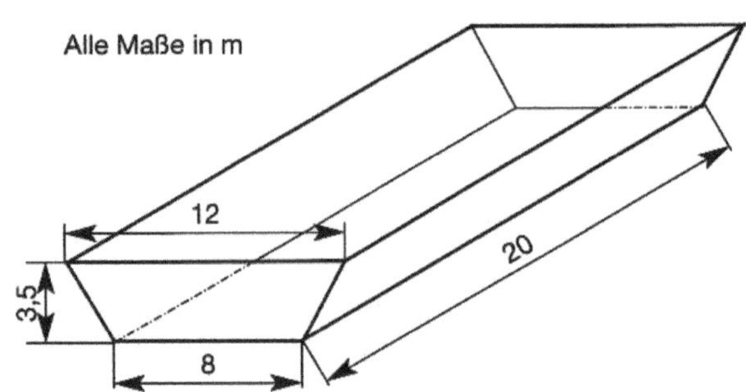

a) Bei diesem Becken handelt es sich um eine liegende Trapezsäule.

Berechnung des Volumens der Säule:

V_{Trapez} = ______________________________

V_{Trapez} = ______________________________

Umrechnung des Volumens in Liter:

V = ______________________________

b) Berechnung der Litermenge in drei Stunden:

____

Berechnung der Restmenge:

____

Berechnung der Füllleistung einer Pumpe / h:

____

Berechnung der Restzeit:

____

c) Berechnung der Leistung der 4 Pumpen in einer Stunde:

____

Berechnung der benötigten Zeit:

____

Umrechnung in Stunden und Minuten:

____

Raumlehre

Tipp: Achte darauf, dass du immer mit den gleichen Raummaßen rechnest. Raummaße werden in m^3, cm^3 usw. angegeben. Gehe am besten so vor:

__1. Schritt:__ Lies die Aufgabe genau durch.
__2. Schritt:__ Beachte unbedingt die Zeichnung, die zur Aufgabe gehört.
__3. Schritt:__ Oft musst du die Maße dieser Zeichnung entnehmen. Achte darauf, in welcher Maßeinheit diese angegeben sind.
__4. Schritt:__ Fertige, wenn nötig eine Hilfszeichnung an.
__5. Schritt:__ Schreibe die Formeln auf, die du benötigst.
__6. Schritt:__ Achte auf die Angaben zum Runden.

12. Ein kegelförmiger Messbecher (d = 15 cm; s = 20 cm) wird mit Mehl gefüllt.

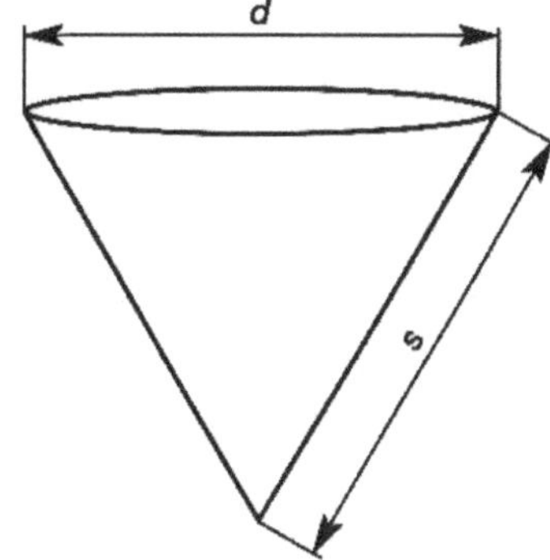

a) Wie viel Gramm Mehl fasst der bis zum Rand gefüllte Becher, wenn die Dichte von Mehl 0,6 g/cm³ beträgt?

b) Wie viel Gramm Mehl sind im Becher, wenn er nur bis zur halben Höhe gefüllt wird?
Beachte: halbe Höhe → halber Durchmesser
Hinweise: Runde alle Ergebnisse, auch Zwischenergebnisse, auf eine Dezimalstelle.
Rechne mit π = 3,14

a) Berechnung der Höhe des Messbechers (Satz des Pythagoras):

h_k = ____

Berechnung des Volumens des Messbechers:

V_{Kegel} = ____

V_{Kegel} = ____

Berechnung der Masse:

m = ____

m = ____

b) Berechnung des Volumens bei halber Füllung:

V_{Kegel} = ____

V_{Kegel} = ____

Berechnung der Masse:

m = ____

m = ____

Raumlehre

Tipp: Achte darauf, dass du immer mit den gleichen Raummaßen rechnest. Raummaße werden in m³, cm³ usw. angegeben. Gehe am besten so vor:

1. Schritt: *Lies die Aufgabe genau durch.*
2. Schritt: *Beachte unbedingt die Zeichnung, die zur Aufgabe gehört.*
3. Schritt: *Oft musst du die Maße dieser Zeichnung entnehmen. Achte darauf, in welcher Maßeinheit diese angegeben sind.*
4. Schritt: *Fertige, wenn nötig eine Hilfszeichnung an.*
5. Schritt: *Schreibe die Formeln auf, die du benötigst.*
6. Schritt: *Achte auf die Angaben zum Runden.*

13. Ein Modeschmuckanhänger hat die Form eines Würfels (a = 15 mm) mit aufgesetzter Pyramide gleicher Grundfläche. Insgesamt hat der Anhänger ein Volumen von 3,825 cm³.

a) Zeichne eine Skizze und beschrifte sie.

b) Berechne die Höhe des Anhängers.

c) Der Anhänger ist aus einer Metalllegierung gefertigt, deren Dichte 8,9 g/cm³ beträgt. Berechne die Masse des Schmuckstücks in Gramm.

a) Skizze mit Beschriftung:

b) Berechnung des Volumens des Würfels:

$V_{Würfel}$ = ______________________________

$V_{Würfel}$ = ______________________________

Berechnung des Pyramidenvolumens

$V_{Pyramide}$ = ______________________________

$V_{Pyramide}$ = ______________________________

Berechnung der Höhe des Pyramide:

$h_{Pyramide}$ = ______________________________

$h_{Pyramide}$ = ______________________________

Berechnung der Gesamthöhe des Anhängers:

h_k = ______________________________

c) Berechnung der Masse des Schmuckstücks:

m = ______________________________

m = ______________________________

Raumlehre

Tipp: Achte darauf, dass du immer mit den gleichen Raummaßen rechnest. Raummaße werden in m^3, cm^3 usw. angegeben. Gehe am besten so vor:

1. Schritt: *Lies die Aufgabe genau durch.*
2. Schritt: *Beachte unbedingt die Zeichnung, die zur Aufgabe gehört.*
3. Schritt: *Oft musst du die Maße dieser Zeichnung entnehmen. Achte darauf, in welcher Maßeinheit diese angegeben sind.*
4. Schritt: *Fertige, wenn nötig eine Hilfszeichnung an.*
5. Schritt: *Schreibe die Formeln auf, die du benötigst.*
6. Schritt: *Achte auf die Angaben zum Runden.*

14. Aus einer Blechtafel aus Nickellegierung (Dicke $s = 2$ mm; Breite: 142 cm) sollen Rohlinge mit Mittelloch für die Münzprägung gestanzt werden (siehe Skizze).

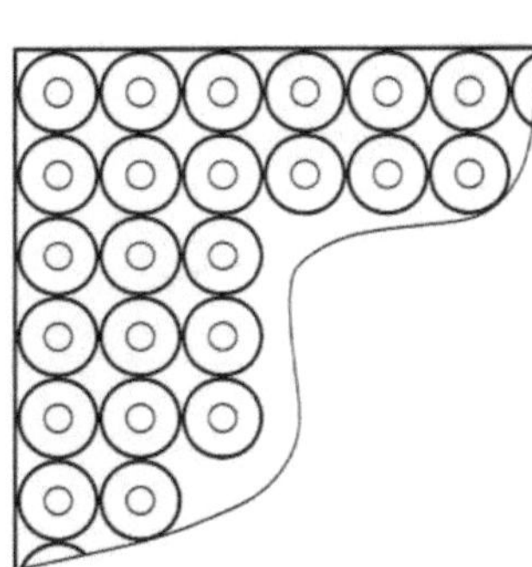

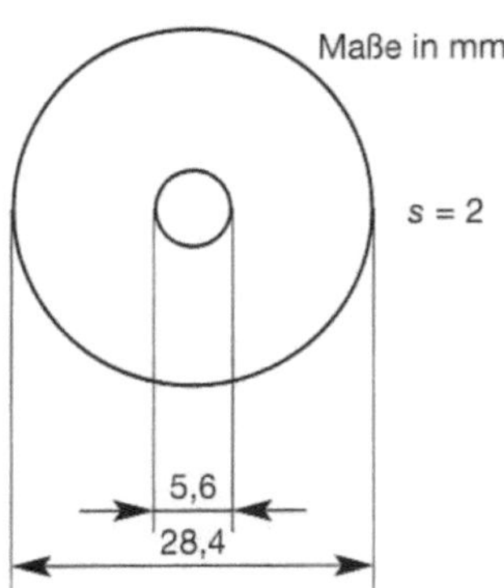

a) Welche Länge muss das Blech mindestens haben, wenn 50 000 Rohlinge benötigt werden?
b) Berechne das Volumen eines Rohlings.
c) Welche Dichte hat die Nickellegierung, wenn eine Scheibe 9,2 Gramm Masse hat?

Hinweis: Rechne mit $\pi = 3,14$

a) Berechnung der Anzahl der Rohlinge , die aus der Breite gestanzt werden können:

Anzahl = ______________________________

Um 50 000 Rohlinge zu erhalten, kann nun die Anzahl errechnet werden, die aus der Länge gestanzt werden muss:

Anzahl = ______________________________

Berechnung der Länge:

l = ______________________________

b) Berechnung des Volumens eines Rohlings (die Grundfläche ist ein Kreisring):

$V_{Kreisring}$ = ______________________________

$V_{Kreisring}$ = ______________________________

c) Berechnung der Dichte:

Dichte = ______________________________

Raumlehre

Tipp: Achte darauf, dass du immer mit den gleichen Raummaßen rechnest. Raummaße werden in m³, cm³ usw. angegeben. Gehe am besten so vor:

__1. Schritt:__ Lies die Aufgabe genau durch.
__2. Schritt:__ Beachte unbedingt die Zeichnung, die zur Aufgabe gehört.
__3. Schritt:__ Oft musst du die Maße dieser Zeichnung entnehmen. Achte darauf, in welcher Maßeinheit diese angegeben sind.
__4. Schritt:__ Fertige, wenn nötig eine Hilfszeichnung an.
__5. Schritt:__ Schreibe die Formeln auf, die du benötigst.
__6. Schritt:__ Achte auf die Angaben zum Runden.

15 Ein moderner Flaschenverschluss aus Edelstahl (Dichte: 8,5g/cm³) verschließt die Flasche durch sein Eigengewicht.
Wie schwer ist er?
Hinweis: Rechne mit π 3,14
Runde Teilergebnisse auf zwei Dezimalstellen

1,5 · 1,5 · 1,0 · d = 0,5 · 6,5 · 4,0 · 3,0

Maße in cm

Berechnung des Volumens (es setzt sich aus dem Volumen eines Kegels, eines Zylinders und einer Rechtecksäule zusammen):

Berechnung des Kegelvolumens:

V_{Kegel} = ______________________________

V_{Kegel} = ______________________________

Berechnung des Volumens der Rundsäule:

$V_{Zylinder}$ = ______________________________

$V_{Zylinder}$ = ______________________________

Berechnung des Volumens der Rechtecksäule:

$V_{Rechtecksule}$ = ______________________________

$V_{Rechtecksäule}$ = ______________________________

Berechnung des Gesamtvolumens:

V = ______________________________

Berechnung der Masse:

m = ______________________________

m = ______________________________

Raumlehre

Tipp: Achte darauf, dass du immer mit den gleichen Raummaßen rechnest. Raummaße werden in m³, cm³ usw. angegeben. Gehe am besten so vor:

__1. Schritt:__ Lies die Aufgabe genau durch.
__2. Schritt:__ Beachte unbedingt die Zeichnung, die zur Aufgabe gehört.
__3. Schritt:__ Oft musst du die Maße dieser Zeichnung entnehmen. Achte darauf, in welcher Maßeinheit diese angegeben sind.
__4. Schritt:__ Fertige, wenn nötig eine Hilfszeichnung an.
__5. Schritt:__ Schreibe die Formeln auf, die du benötigst.
__6. Schritt:__ Achte auf die Angaben zum Runden.

16. Eine Boje besteht aus zwei gleichen Kegeln, die an ihren Grundflächen zusammengesetzt sind. Der Durchmesser der Grundfläche eines Kegels beträgt 160 cm. Die Höhe der Boje ist von Spitze zu Spitze 240 cm.

a) Fertige eine räumliche Skizze der Boje an und bemaße sie.

b) Berechne das Volumen der Boje.

c) Das Volumen der Boje soll um die Hälfte vergrößert werden. Zwischen die beiden kegelförmigen Teile wird deshalb ein zylinderförmiges Teil mit gleicher Grundfläche eingesetzt. Berechne die Höhe des Zwischenstücks.
Hinweis: Rechne mit $\pi = 3{,}14$.

a) Skizze

b) Berechnung des Volumens der Boje (es handelt sich um 2 gleiche Kegel):

V_{Kegel} = ____

V_{Kegel} = ____

V_{Boje} = ____

c) Berechnung der Volumenvergrößerung (= Volumen des Zylinders):

$V_{Zylinder}$ = ______________________

$V_{Zylinder}$ = ______________________

Berechnung der Grundfläche des Zylinders:

A = ___________________________

A = ___________________________

Berechnung der Zylinderhöhe:

h_K = __________________________

Lösungen

Seite 14,	**Nr. 1:**	$x = 1$; **2.** $x = 5$; **3.** $x = 12$; **4.** $x = 1$;
Seite 15,	**Nr. 1:**	$x = 2$; **2.** $x = 12$; **3.** $x = 5$;
Seite 16,	**Nr. 4:**	$x = 3$; **5.** $x = 5$; **6.** $x = 8$;
Seite 17,	**Nr. 1:**	$x = 1$; **2.** $x = 2$; **3.** $x = 2{,}8$;
Seite 18,	**Nr. 4:**	$x = \frac{1}{4}$ oder 0,25; **5.** $x = 5$; **6.** $x = 4$;
Seite 19,	**Nr. 7:**	$x = 7$; **8.** $x = 1$; **9.** $x = 3$;
Seite 20,	**Nr. 1:**	$x = 1$; **2.** $x = 42$;
Seite 21,	**Nr. 3:**	$x = 2$; **4.** $x = 5$; **5.** $x = 2{,}5$;
Seite 22,	**Nr. 6:**	$x = 19$; **7.** $x = \frac{1}{3}$; **8.** $x = 6$;
Seite 23,	**Nr. 9:**	$x = 3$; **10.** $x = 4$;
Seite 24,	**Nr. 1:**	**a)** 12 Fußbälle; **b)** ≈ 50 €
	Nr. 2:	**a)** Haupttribüne: 25 000 Karten; **b)** Gegengerade: 20 000 Karten;
Seite 25,	**Nr. 3:**	16 Frauen; 32 Männer; 24 Jugendliche;
	Nr. 4:	Monitor: 120 €; Computer: 720 €; Drucker: 210 €;
Seite 26,	**Nr. 5:**	Autoaktie: 425,60 €; Chemieaktie: 265,60 €; Versicherungsaktie: 2553,60 €;
	Nr. 6:	Elke: 8 Jahre; Klaus: 4 J.; Robert: 16 J.; Hubert: 6 J.;
Seite 27,	**Nr. 7:**	Handschützer: 25 €; Knieschoner: 37,50 €; Skates: 119,99 €;
	Nr. 8:	**a)** 21 Schüler; **b)** ≈ 9,60 €;
Seite 28,	**Nr. 9:**	**a)** Preisklasse 1: 316 Karten; Preisklasse 2: 632 Karten; Preisklasse 3: 298 Karten; Preisklasse 4: 280 Karten; **b)** 98 379 €;
Seite 29,	**Nr. 10:**	**a)** Anzahl der teueren Karten: 44; Preis für die teueren Karten: 7,50 €; Preis für die billigeren Karten: 6 €; **b)** Preis für den Bus: 408 €;
Seite 30,	**Nr. 11:**	Reisende in der 1. Klasse: 210; Reisende in der 2. Klasse: 630;
	Nr. 12:	Tochter: 6 Jahre; Mutter: 24 Jahre

Seite 31, Nr. 1:

a) Gesamtausgaben: 425 €; Preis / Brötchen: 1,02 €;
b) 70 % ≙ 350 Brötchen; 385 €; 30 % ≙ 150 Brötchen;
112,50 €; Gewinn: 72,50 €;
c) 17,06 %;

Seite 32, Nr. 2:

a) 94,5 kg; **b)** 13,76 %;
c) Jahresverbrauch pro Person:19,8 kg;
Mehrverbrauch pro Person: 3,3 kg; in Prozent: 20 %;
d) 1 kg ≙ 3,8°; Äpfel: 63°, Bananen: 50°,
Apfelsinen: 39°, Trauben: 15°, Pfirsiche: 13°, sonstiges Obst: 180°;

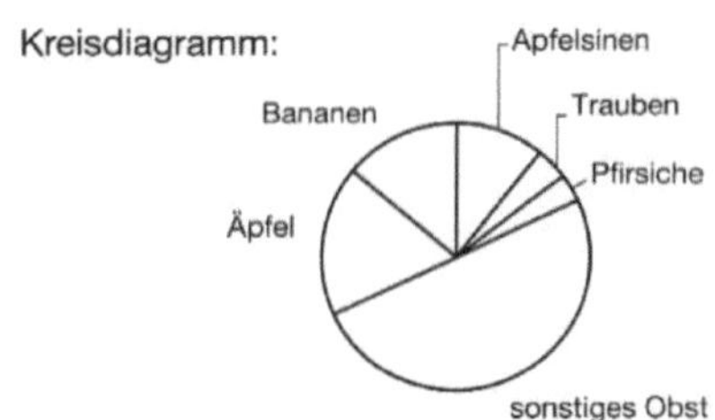

Seite 33, Nr. 3:

a) Rabatt: 27,38 €; ermäßigter Preis: 1341,62 €;
Aufschlag; 20,13 €; Gesamtpreis: 1361,74 €;
b) Ausrüstung + Zubehör: 1388 €; Nachlass: 41,64 €;
Gesamtpreis: 1346,36 €;
c) Preisunterschied: 15,38 € ≙ 1,13 %;

Seite 34, Nr. 4:

a) 3 500 Mio. = 3,5 Mrd.; :
b) 1 Mio. ≙ 0,103°; 2 000 Mio. ≙ 206°;
240 Mio. ≙ 25°; 750 Mio. ≙ 77°;
510 Mio. ≙ 52°; **c)** 180,95 %;

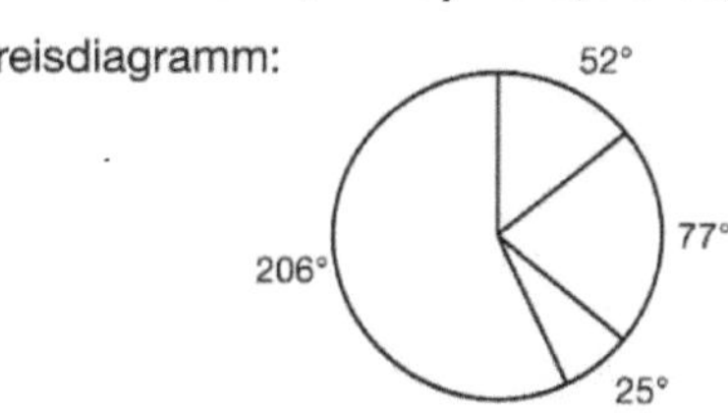

Seite 35, Nr. 5:

a) 232,50 l/Tag;
b) Wasserverbrauch/Tag/Person: 12,25 l; 70 %;
c) Wasserverbrauch täglich: 68 l; wöchentlich: 476 l;
d) 1,30 €;

Seite 36, Nr. 6:

a) 8 %; **b)** 10 752 Schüler; :
c) Hauptschule: 51 072 Schüler;
Realschule: 30 912 Schüler;
Hochschulreife; 22 848 Schüler;
sonstige Abschlüsse: 18 816 Schüler;
d) Hauptschule: 137°;
Realschule: 83°;
Hochschulreife: 61°;
sonstige Abschlüsse: 50°;
ohne Abschluss: 29°;

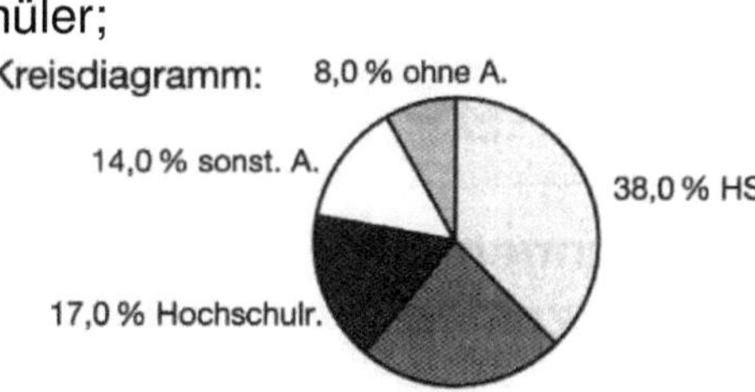

Seite 37, **Nr. 7:** **a)** Restsumme: 25 000 €; Anzahlung: 10 000 €;
b) 38 675 €; **c)** 19 %;

Nr. 8: **a)** 3 %; **b)** 15,75 €; **c)** 10 000 €; **d)** 5 %; **e)** 63 €; **f)** 960 €;

Seite 38, **Nr. 9:** **a)** 1400 g; **b)** 14,29 %;
c) 36 Schachteln wiegen: 50 400 g; Tara: 1512 g;
d) 51 912 g;
e) Gewicht der 15 Kartons: 778,68 kg; Gewicht der Palette: 825,40 kg;

Seite 39, **Nr. 10:** **a)** 16 %; **b)** 840 kg; **c)** 2100 Pakete;
d) 1 995 Pakete; **e)** 798 000 g; 20,2 %;

Seite 40, **Nr. 11:** **a)** 331,20 €; **b)** 357,20 €; **c)** 7,3 %;

Seite 41, **Nr. 12:** **a)** Gesamteinkaufspreis: 56 000 €; geplante Selbstkosten: 11 200 €;
b) 16 Notebooks zu 1 050 € = 16 800 €; Sonderpreis: 892,50 €;
48 Notebooks zu 892,50 € = 42 840 €;
16 Notebooks zu 700 € = 11 200 €;
Gesamteinnahmen: 70 840 €;
c) geplante Gesamteinnahmen: 84 000 €;
Abweichung der Einnahmen in €: 13 160 €;
Abweichung in %: 15,67 %;

Seite 42, **Nr. 13:** **a)** Gesamtgewicht: 740 g; 32,4 %;
b) Gewicht der 6 Gläser: 4 400 g;
Gewicht des Kunststoffbehälters: 399,6 g;
c) Anzahl der Gläser pro Jahr: 40; Gewicht des Altglases: 9,6 kg;

, **Nr. 14:** **a)** 9,7 %; **b)** 348,50 €; **c)** 19 000 €;
d) 12,94 %; **e)** 595 €; **f)** 600 €;

Seite 43, **Nr. 15:** **a)** Weltbevölkerung im Jahr 2025:
8473 Mio. Menschen
b) Anteile der Weltbevölkerung in
Winkelgraden: 1 Mio. ≙ 0,0425°;
Südasien: 133°;
Ostasien / Ozeanien: 77°;
Afrika: 67°; Lateinamerika: 30°;
Europa: 23°; Nordamerika: 15°;
Sonstige: 15°;

Kreisdiagramm:

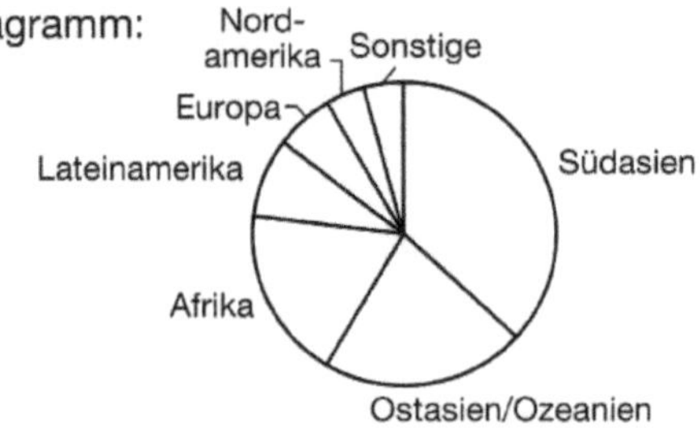

Seite 44, **Nr. 1:** **a)** Neupreis des vorherigen Taxis: 48 000 €;
b) Restbetrag: 13 400 €;
c) monatliche Zinsbelastung: 83,75 €;
d) 7,75 %;

Seite 45, Nr. 2:
a) Anteil: 208 500 €; Jahreszinsen: 15 012 €;
Zinsen für 9,5 Monate: 11 884,50 €;
b) $\frac{2}{3}$ von Bernds Anteil: 139 000 €;
jährliche Einnahmen: 8 340 €; Zinssatz: 6 %;
c) Jahreszinsen: 12 000 €; angelegtes Kapital: 160 000 €;

Seite 46, Nr. 3:
a) Restbetrag: 216 000 €;
Zinsen für Arbeitgeberdarlehen: 810 €;
Zinsen für Bankdarlehen: 9 720 €;
jährliche Zinsbelastung: 10 530 €;
b) Monatsmiete ohne Nebenkosten: 360 €;
monatliche Zinsbelastung: 877,50 €;
Unterschiedsbetrag: 517,50 €;

Seite 47, Nr. 4:
a) Barzahlungspreis: 1 450,40 €; Kontoüberziehung: 900 €;
b) Jahreszinsen: 112,50 €; Zinsen für 27 Tage: 8,44 €;
c) gesparter Betrag: 21,16 €;
d) Zinsen für 1 Tag: 0,31 €;
ab dem 95. Tag lohnt sich die Überziehung nicht mehr

Seite 48, Nr. 5:
a) Bankeinlage: 40 000 €; **b)** 140 000 €; **c)** Jahresmiete: 5 376 €;
Zinssatz: 3,84 %;
d) Jahreszinsen: 6 300; Monatszinsen: 525 €; Erhöhung 77 €;

Seite 49, Nr. 6:
a) Jahreszinsen: 1 620 €; Kapital: 60 000 €;
b) Kapital im Folgejahr: 61 844,55 €; Zinssatz: 3 %;
c) Gesamtzinsen: 3 329,50 €; Steigerung: ≈ 5,55 %

Seite 50, Nr. 7:
a) Jahreszinsen: 7 200 €; Zinssatz: 4,5 %;
b) Anteil: je 190 000 €; Jahresmiete: 7 125 €; Monatsmiete: 593,75 €;
Resteinnahmen: 453,75 €;

Seite 51, Nr. 7:
c) Jahresgewinn von ~~8 325~~ €; verliehenes Kapital: 112 500 €;
Restkapital: 77 500 €; Jahreszinsen: 5 735 €; Gewinn: ≈ 3 823,33 €,

Nr. 8:
a) 5,22 %; **b)** 26,04 €; **c)** 60 000 €; **d)** 5 Monate; **e)** 56,25 €;
f) 313 976,47 €; **g)** 45 Tage ; **h)** 328,19 €; **i)** 254 117,64;
j) 80 Tage; **k)** 1 026,28 €; **l)** 11 520 €; **m)** 6,91 %; **n)** 496,13 €;
o) 330 171,42 €; **p)** 20 Monate; **q)** 17,50 €; **r)** 8 190 €;

Seite 52, Nr. 1:
a) Saftmenge: 3 360 ml; Alkoholmenge: 13,44 ml;
b) Menge der Nasensalbe: 450 ml; Alkoholanteil: 9 ‰;
c) Gesamtmenge Ohrentropfen: 2 000 ml; Flaschenzahl: 40 Flaschen;

Nr. 2:
a) 5,3 ‰; **b)** 292,50 €; **c)** 165 000 €; **d)** 4,5 ‰;
e) 80,25 €; **f)** 150 000 €;

Seite 53, Nr. 3:
a) Jahresprämie: 1 152 €; ‰-Satz: 38,4 ‰;
b) Rückvergütung: 480 €;
c) Jahresprämie: 350 €; Versicherungssumme: 200 000 €;

Nr. 4:
a) 3,5 ‰; **b)** 100 €; **c)** 150 000 €; **d)** 4,8 ‰;
e) 37,45 €; **f)** 70 000 €;

Seite 54, **Nr. 5:**
a) Gesamtwert der Aktien: 65 100 €; Provision: 78,12 €;
b) Provision pro Aktie: 0,3732 €; Kurswert: 311 €;
c) Provision pro Aktie: 1,068 €; Anzahl der Aktien: 25 Aktien;

Nr. 6:
a) 1,75 ‰; **b)** 243 €; **c)** 530 000 €; **d)** 0,98 ‰;
e) 185,84 €; **f)** 120 000 €;

Seite 55, **Nr. 1:**
a) 9 Teile, 1 Teil ≙ 4 Karten; 16 Normalkarten; 8 Aktionskarten; 8 Bonuskarten; 4 Joker;
b) Normalkarten: 80 P.; Aktionskarten: 80 P.; Bonuskarten: 120 P.; Joker: 100 P.; insgesamt: 380 Punkte;
c) 380 · 0,75 = 285 Punkte;
d) nicht verteilbar, denn 52 : 9 = 5 Rest 7;

Seite 56, **Nr. 2:**
a) 660 000 €; **b)** 1 500 000 €;
c) A : B : C = 2 : 3 : 7; 12 Teile; 1 Teil ≙ 125 000 €; A: 250 000 €; B: 375 000 €; C: 875 000 €;

Seite 57, **Nr. 3:**
a) 5 : 3 : 4 : 2 = 14 Teile;
b) 35 % = 16 352 €; Restsumme: 28 700 €;
c) 1 Teil ≙ 2 050 €; A: 10 250 €; B: 6 150 €; C: 8 200 €; D: 4 100 €;
d) Gesamtforderung: 59 500; erhalten: 28 700 €; 51,76 %;

Seite 58, **Nr. 4:**
a) Kupfer : Zink = 13 : 7;
b) Gesamtgewicht: 960 g; Kupfer: 65 %; Zink: 35 %;
c) 650 g Kupfer;

Seite 59, **Nr. 5:**
a) 4 €; ≈ 8,33 g Silber;
b) Goldanteil: 14,625 g; Goldpreis: 509,25 €; Gesamtpreis: 1 009,25 €;

Seite 60, **Nr. 6:**
a) 27 g Gold;
b) Kupferanteil im 30 g-Barren: 3 g;
Kupferanteil bei Stempelaufdruck 585: 415 g;
Kupferanteil in einem 30-g-Barren: 12,45 g; fehlende Menge: 9,45 g

Seite 61, **Nr. 7:**
a) Anteil der 32 %igen Sole: $\frac{150 \cdot 32}{100}$

Anteil des Leitungswassers: $\frac{x \cdot 0}{100}$

Anteil der 12%igen Sole: $\frac{150 + x) \cdot 12}{100}$

Gleichung: $\frac{150 \cdot 32}{100} + \frac{x \cdot 0}{100} = \frac{(150 + x) \cdot 12}{100}$

x = 250 l; 400 l 12%ige Sole

b) Anteil der 27 %igen Sole: $\frac{200 \cdot 27}{100}$

Anteil des Leitungswassers: $\frac{100 \cdot 0}{100}$

Anteil der 12%igen Sole: $\frac{(200 + 100) \cdot x}{100}$

Gleichung: $\frac{200 \cdot 27}{100} + \frac{100 \cdot 0}{100} = \frac{(200 + 100) \cdot x}{100}$

x = 18 l; Salzgehalt der neuen Sole: 18%

Seite 62, **Nr. 8:** **a)** 10 Teile; 2,4 l 80 %ige Säure; 5,6 l 30 %ige Säure;

b) Gleichung: $\frac{2,4 \cdot 80}{100} + \frac{5,6 \cdot 30}{100} = \frac{8 \cdot x}{100}$ oder:

2,4 · 0,8 + 5,6 · 0,3 = 8 · 0,01 x; Säuregehalt: 45 %;

Nr. 9: **a)** 27,5 %; **b)** 6 l; **c)** 40 %; **d)** 40 l; **e)** 80 %; **f)** 15 %;

Seite 63, **Nr. 10:** **a)** 10 : 8 : 6 : 5 : 1;
b) 1 Teil Schinken = 225 g; Nudeln: 2 250 g; Käse: 1 350 g;
Mayonnaise: 1 125 g; Gewürze: 225 g;
c) Gesamtmenge: 9 000 g; 60 Portionen;

Seite 64, **Nr. 11:** **a)** 8 Teile; 1 Teil = 15 kg; Pfeffer: 75 kg; Paprika: 30 kg;
Cayenne: 15 kg;
b) Gesamtmenge: 120 kg (120 000 g); Menge eines Glases: 75 g;
c) Preis der Gesamtmischung: 2 460 €; Einnahmen: 3 936 €;
Gewinn in €: 1 476 €; Gewinn in %: 60 %;

Seite 65, **Nr. 1:** **a)** Gesamtarbeitszeit: 103 680 h; nach 30 Tagen geleistet:17 280 h;
noch zu leisten: 86 400 h; Restarbeitstage: 144 Tage;
neue tägliche Arbeitszeit: 8,3 h = 8 h 20 min;
Mehrarbeit pro Tag: 20 min;
b) Anzahl der Arbeiter: 75; es müssen 3 Arbeiter mehr eingestellt werden;

Seite 66, **Nr. 2:** **a)** Gesamtarbeitszeit: 1 536 h; nach 6 Tagen geleistet: 576 h;
noch zu leisten: 960 h ≙ 12 Tage; Verzögerung: 2 Tage;
b) notwendige Zeit: 9,6h = 9 h 36 min; Überstunden: 1 h 36 min;

Seite 67, **Nr. 3:** **a)** Gesamtarbeitszeit: 240 h; Betrag: 1 200 €;
b) nach 3 Tagen geleistet: 72 h; noch zu leisten: 168 h;
tägliche Arbeitszeit: 2,4 h; Mehrarbeit: 0,4 h = 24 min;

Seite 68, **Nr. 4:** **a)** Gesamtarbeitszeit: 660 h; nach 4 Tagen geleistet: 120 h;
noch zu leisten: 540 h; Arbeitstage für 9 Jugendliche: 24 Tage;
Verzögerung: 6 Tage;
b) verbleibende Arbeitstage: 18 Tage;
Arbeitszeit pro Tag: 3,3 h = 3 h 20 min; Mehrarbeit: 50 min;

Seite 69, **Nr. 5:** **a)** Gesamtarbeitstage: 24 Tage;
b) Gesamtarbeitszeit: 432 Arbeitstage;
nach 4 Tagen erledigt: 72 Arbeitstage;
verbleibende Arbeit: 360 Arbeitstage; Verzögerung: 4 Tage;
c) nach weiteren 12 Tagen erledigt: 180 Arbeitstage;
verbleibende Arbeit: 180 Tage; Restarbeitstage: 9 Tage;
Gesamtarbeitszeit: 25 Tage;

Seite 70, Nr. 1: **a)** Fahrtzeit Ansbach – Nürnberg: 0,75 h = 45 min;
Ankunft Nürnberg: 12.10 Uhr;
b) Fahrtzeit Nürnberg – Bamberg: 40 min;
Geschwindigkeit des Eilzuges: 90 km/h;
c) Graph:

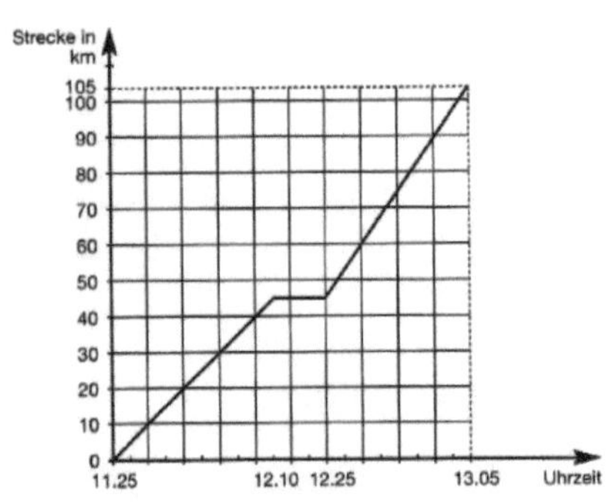

Seite 71, Nr. 2: **a)** Weg, den Klaus bis um 17.40 Uhr zurückgelegt hat: 2,5 km;
Annäherung pro Stunde: 10 km;
Einholzeit: nach 15 Minuten, um 17.55 Uhr;
Entfernung von der Disco: 3,75 km;
b) Graph:

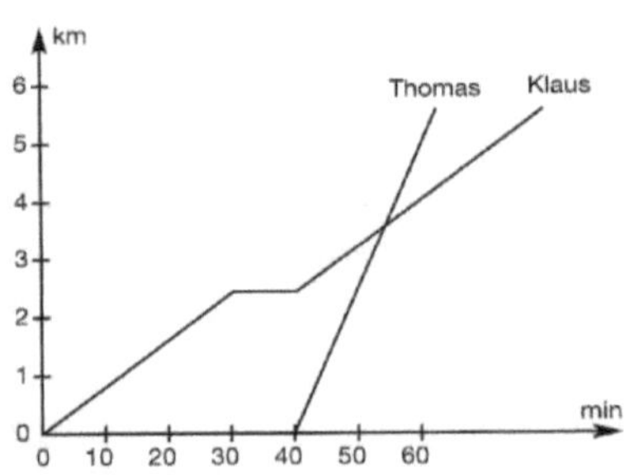

Seite 72, Nr. 3: **a)** Weg, der bis um 12.30 Uhr zurückgelegt wurde: 70 km
Annäherung pro Stunde: 70 km;
Einholzeit: nach 1 h; um 13.30 Uhr;
b) Entfernung von zu Hause: 90 km;
Graph:

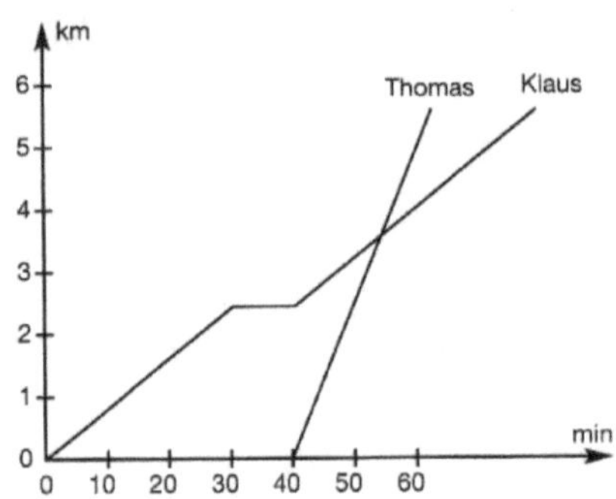

Seite 73, Nr. 4:

a) Peters Zeit: 1,8 h; Geschwindigkeit: 11km/h;
b) Peters Zeit für 13,2 km: 1,2 h; Charlys Zeit für 13,2 km: 0,8 h;
Zeitunterschied: 0,4 h = 24 min;
c) Treffpunkt nach 1 Stunde, 3,3 km vom Ziel entfernt (bei 16,5 km)
Graph:

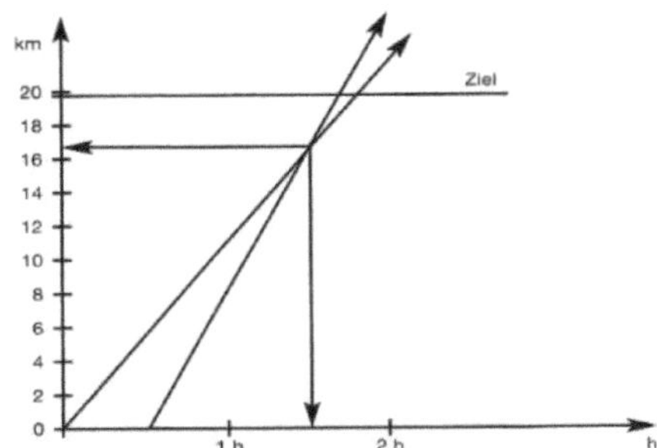

Seite 74, Nr. 5:

a) Geschwindigkeit Aumüller: 60 km/h;
b) Geschwindigkeit Bauer: 80 km/h;
c) Strecke, die Frau Bauer bis zur Panne zurückgelegt hat: 120 km;
Restzeit: 1,25 h; Reststrecke: 120 km;
notwendige Geschwindigkeit: 96 km/h
d) Graph:

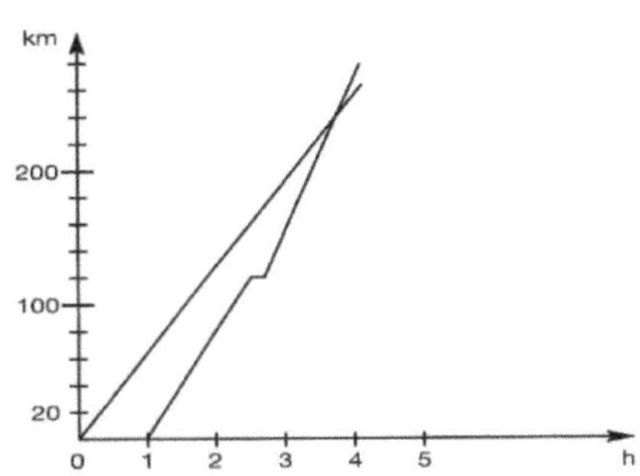

Seite 75, Nr. 6:

a) Geschwindigkeit Herr Bauer: 105 km/h;
Zeitunterschied: 15 Minuten
b) Wegstrecke für Herrn Albert nach dem Stau: 150 km;
Fahrtzeit: 1 h 15 min = 1,25 h; notwendige Geschwindigkeit: 120 km/h;

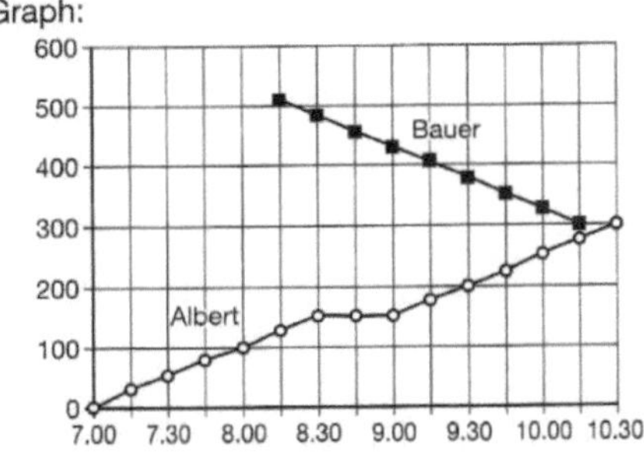

Seite 76, Nr. 7:

a) Fahrtzeit des Güterzugs bis 7.15 Uhr:
45 Minuten + 30 Minuten = 75 Minuten = 1 h 15 min = 1,25 h;
zurückgelegte Strecke: 80 km; Entfernung um 7.15 Uhr: 270 km;
Annäherung pro Stunde: 150 km;
Treffzeit: 1,8 h = 1 h 48 min; 9.03 Uhr;
b) Treffpunkt: 154,8 km von B entfernt;

Seite 77, Nr. 8:

a) Fahrtzeit des engl. Schiffes: 1 h 45 min = 1,75 h;
Geschwindigkeit des engl. (und frz.) Schiffes: 24 km/h;

b) Entfernung um 8.50 Uhr: 34 km; Annäherung pro Stunde: 48 km;
Treffzeit: 0,7 h = 42 min; 9.32 Uhr;

c) Treffpunkt: 16,8 km von Calais aus;

d) 24 km ≙ 12,96 kn;

Seite 78, Nr. 9:

a) Maßstab Wegachse: 1 Abschnitt ≙ 50 km;
Maßstab Zeitachse: 1 Abschnitt ≙ 1 Stunde;
Weg: 150 km; Geschwindigkeit: 50 km/h

b) Dauer der Pause: 1,5 h;

c) Durchschnittsgeschwindigkeit: 100 km/h;

d) Abfahrtszeit des Radfahrers: 8.30 Uhr;

e) Treffpunkt ist bei Kilometer 200, das ist 50 km von A entfernt.

f) Sie begegnen sich um 12 Uhr.

g) Strecke bis zum Treffpunkt: 50 km; benötigte Zeit: 3.5 h;
Geschwindigkeit: 14,3 km;

Seite 80, Nr. 1:

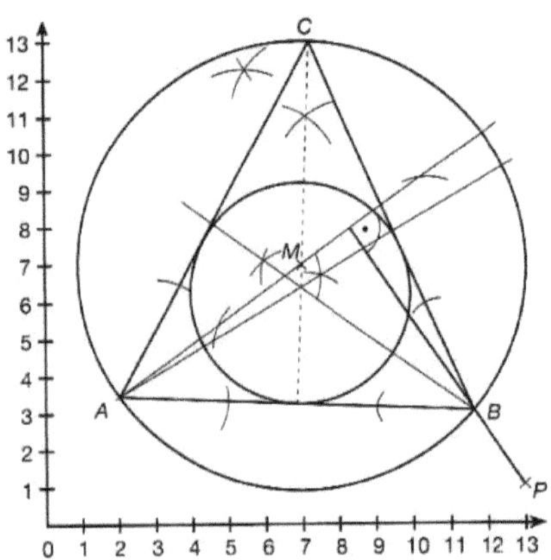

Nr. 2: **b)** $S(5|5)$

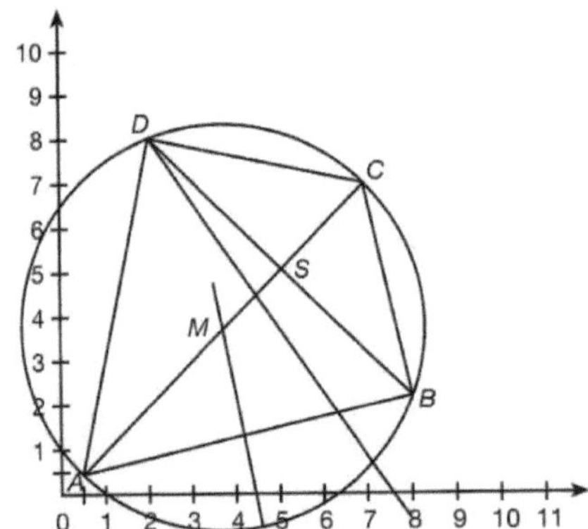

Seite 81, Nr. 3:

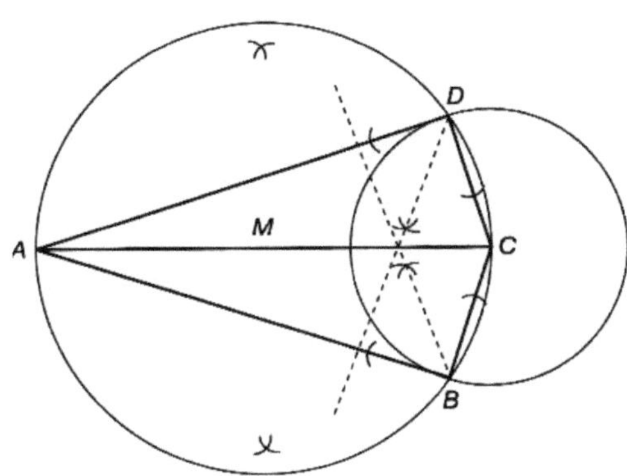

Nr. 4:

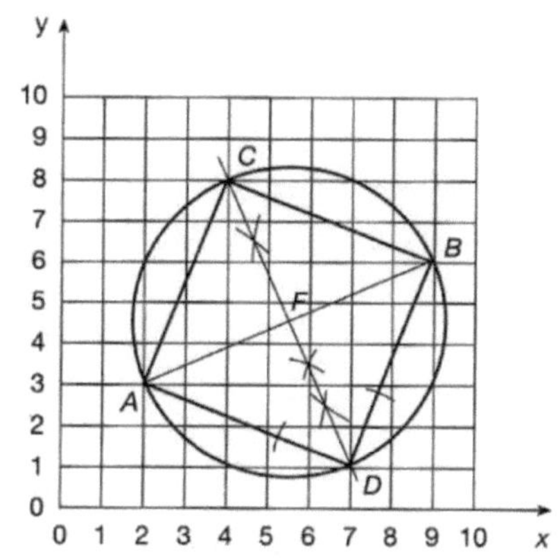

Seite 82, Nr. 5:

b) $D(4|11)$

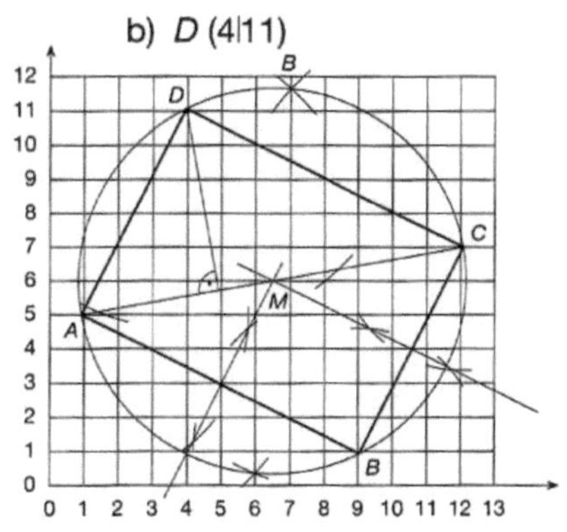

Nr. 6:

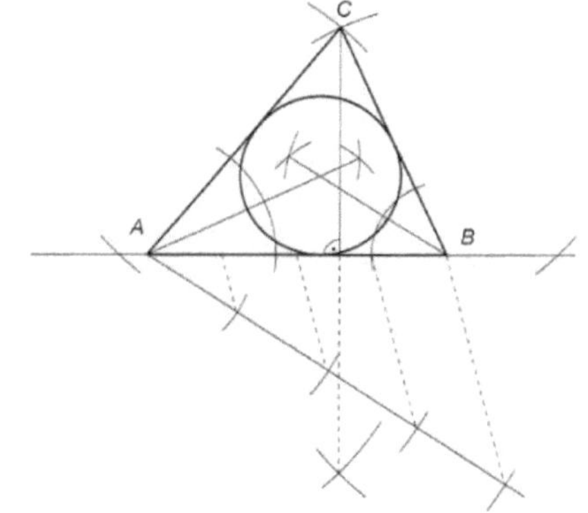

Seite 83, Nr. 7:

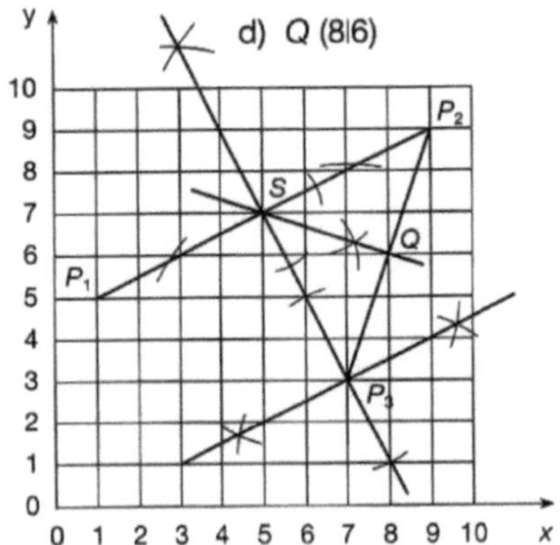

Nr. 8:

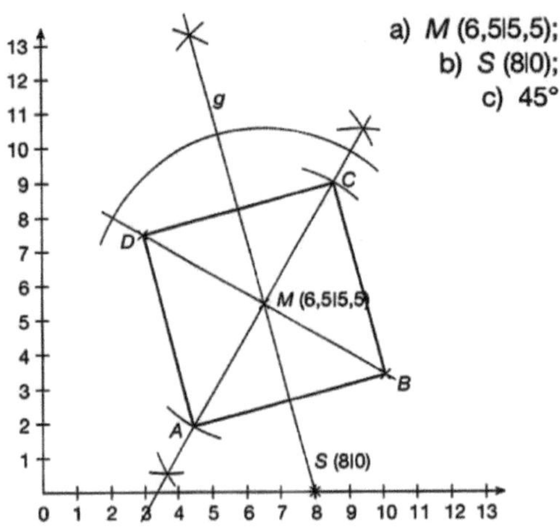

Seite 84, Nr. 9:

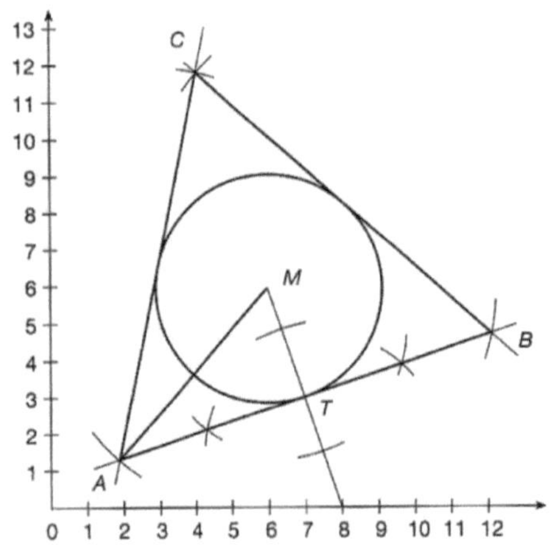

Seite 84, Nr. 10:

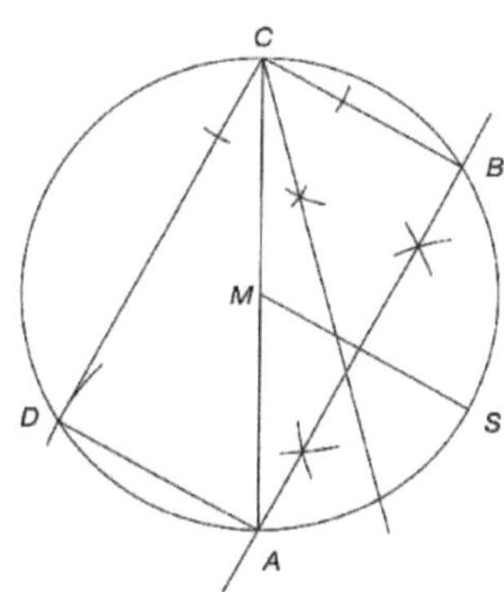

Seite 85, Nr. 11:

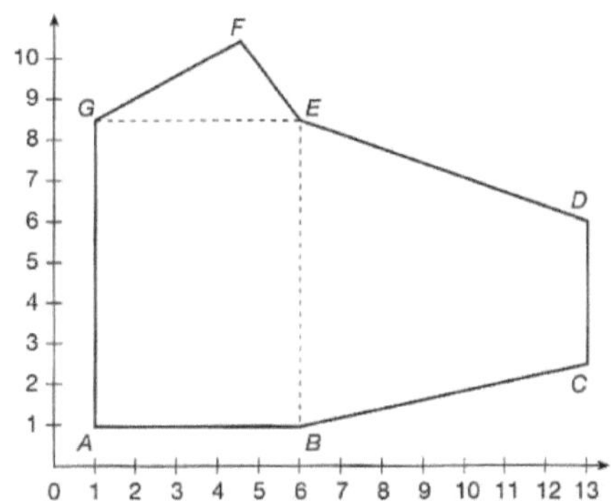

Dreieck GEF: g = 5 cm, h = 2 cm; $A_{Dreieck} = 5\ cm^2$;
Rechteck ABEG: a = 5 cm, b = 7,5 cm, $A_{Rechteck} = 37,5\ cm^2$;
Trapez BCDE: a = 7,5 cm, c = 3,5 cm, h = 7 cm, $A_{Trapez} = 38,5\ cm^2$;
$A = 81\ cm^2$;

Seite 86, Nr. 1: **a)** r = 3 m; s = 3,4 m; $A \approx 32,03\ m^2$; Gesamtfläche: $A \approx 36,83\ m^2$;
b) Preis des Kupferblechs: 2 062,48 €; Gesamtpreis: 4 307,48 €;

Seite 87, Nr. 2: Außenkreis: $A_{Kreis} = 4,5216\ m^2$; Innenkreis: $A_{Kreis} = 1,1304\ m^2$;
Kreisring: $A_{Kreisrinng} = 3,3912\ m^2$; $A_{Quadrat} = 5,76\ m^2$; $A_{Dreieck} = 0,375\ m^2$;
$A_{Rechteck} = 0,75\ m^2$; Halbkreis: $A_{Halbkreis} = 0,5652\ m^2$;
untere Fläche (Quadrat – 2 · Dreieck oder – Rechteck – Halbkreis):
$A = 4,4448\ m^2$; Gesamtfläche: $7,836\ m^2$;

Seite 88, Nr. 3: gelber Marmor: Fläche kleiner Kreis: $A_{Kreis} = 3,14\ m^2$;
Gesamtfläche: $21,98\ m^2$; Fläche mit Verschnitt: $25,277\ m^2$;
Preis: ≈ 3 665,17 €;
blauer Marmor: Fläche großer Kreis: $A_{Kreis} = 28,26\ m^2$;
Gesamtfläche: $6,28\ m^2$; Fläche mit Verschnitt: $7,22\ m^2$;
Preis: ≈ 1 155,52 €;
weißer Marmor: Quadratfläche: $A_{Quadrat} = 64\ m^2$; Gesamtfläche: $35,74\ m^2$;
Fläche mit Verschnitt: $39,314\ m^2$; Preis: 5 307,39 €;
Gesamtkosten: 10 128,08 €;

Seite 90, Nr. 4: **a)** s = 25,30 cm; A = 635,54 cm^2; 22 Hüte: 13 981,88 cm^2;
Gesamtfläche: 16 778,26 cm^2;
b) Fläche eines Bogens: 3 200 cm^2; benötigte Bögen: 6;
Kosten: 23,70 €;

Seite 91, Nr. 5: **a)** Beckenboden: A = 6,78 m^2; runde Innenwand: A = 6,03 m^2;
gerade Innenwände: A = 2,88 m^2; Gesamtfläche: A = 15,69 m^2;
benötigte Fliesen: 16,47 m^2;
b) Fläche des rutschfesten Belags: A = 2,45 m^2; Kosten: 164,15 €;

Seite 92, Nr. 6: **a)** a = 130 cm; b = 190 cm; c = 210 cm; d = 120 cm;
e = 120 cm; f ≈ 176,9 cm; u = 21,869 m;
b) A_1 = 10,08 m^2; A_2 = 11,4 m^2; A_3 = 7,02 m^2;
Gesamtfläche = 28,5 m^2; V = 2,28 m^3; m = 5,244 t; Preis: 970,14 €;

Seite 94, Nr. 7: **a)**

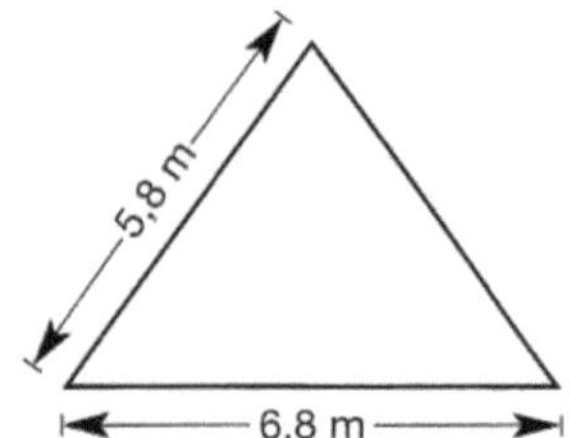

b) h = 4,7 m; A = 15,98 m^2; $A_{Fünfeck}$ ≈ 80 m^2;
c) 3 120 €; **d)** Preis mit Aufschlag: 4 056 €; Gesamtkosten: 4 826,64 €;

Seite 95, Nr. 8: h ≈ 74 mm; A_{Trapez} = 14 504 mm^2; A_{Trapez} = 50 024 mm^2;
$A_{Rechteck}$ = 27 216 mm^2; Gesamtfläche = 91 744 mm^2;
Verschnitt: 6 422 mm^2; Gesamtfläche: 98 166 mm^2;

Seite 96, Nr. 9: **a)** $A_{Kreisring}$ = 56,52 m^2; $A_{Kreisring}$ = 15,7 m^2; Gesamtfläche: 72,22 m^2;
b) Kosten: ≈ 13 353,48 €; Mehrpreis: ≈ 534,14 €;
Gesamtkosten: 13 887,62 €;

Seite 97, Nr. 10: **a)** $A_{Dreieck}$ = 500 m^2; **b)** l ≈ 47,17 m; Zaunlänge = 94,34 m;
c) A_{Trapez} = 2 324 m^2; Grundstücksfläche = 581 m^2; Preis: 165 585 €;

Seite 98, Nr. 1: $A_{Rechteck}$ = 216 cm^2; $A_{Halbkreis}$ = 39,25 cm^2; h_{Trapez} ≈ 3,74 cm;
A_{Trapez} = 20,57 cm^2; Gesamtfläche = 156,18 cm^2;
V = 18 741,60 cm^3; m ≈ 16 117,78 g = 16,12 kg;

Seite 99, Nr. 2: **a)** $V_{Pyramide}$ = 12 cm^3; m = 33,6 g; **b)** a = 3 cm; h ≈ 4,27 cm;
$O_{Pyramide}$ = 34,62 cm^2; Preis: ≈ 57,12 €;

Seite 100, Nr. 3: $A_{Rechteck}$ = 2 700 mm^2; $A_{Quadrat}$ = 400 mm^2; A_{Kreis} = 314 mm^2;
h = 30 mm; $A_{Dreieck}$ = 337,50 mm^2; Gesamtfläche: A = 2 323,50 mm^2;
V = 116 175 m^3; m ≈ 1,03 kg;

Seite 101, Nr. 4: **a)** a = 36 cm; h_k = 24 cm; **b)** $V_{Pyramide}$ = 10 368 cm^3;
V = 9 661,5 cm^3; **c)** m = 70 045,875 g ≈ 70 kg; **d)** h_k = 2 cm;

Seite 102, Nr. 5: **a)** $A_{Halbkreisring}$ = 1 099 m^2; $A_{Trapez\ gr.}$ = 3 500 cm^2; $A_{Trapez\ kl.}$ = 1 750 cm^2;
Differenz: 1 750 m^2; Gesamtfläche: 2849 cm^2;
b) V = 427 350 cm^3; m = 982 905 g ≈ 983 kg;

Seite 103, Nr. 6: **a)** Skizze
b) r = 20 cm; h_k ≈ 19,6 cm;
c) $V_{Quadratsäule}$ = 31 360 cm^3;
V_{Kegel} ≈ 8 205,87 cm^3;
Abfall: ≈ 23 154,13 cm^3; 73,83 %;

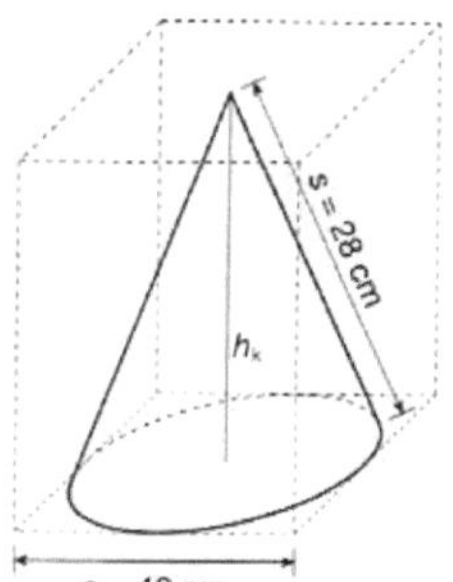

Seite 104, Nr. 7: **a)** $V_{Pyramide}$ = 672 cm^3; h_k = 6 cm; V_{Kegel} = 25,12 cm^3;
V = 646,88 cm^3;
b) m = 1 746,576 g;
c) V_{Quader} = 258 ,720 cm^3; Anzahl: 399 Werkstücke;

Seite 105, Nr. 8: A_{Trapez} = 74 000 mm^2 ; $A_{Quadrat}$ = 2 500 mm^2; A_{Kreis} = 1 962,5 mm^2;
Gesamtfläche: A = 51 687,5 mm^2; V = 258 437,5 mm^3 = 258,4375 cm^3;
m = 2 015,8125 g;

Seite 106, Nr. 9: a = 1,131 m; h_k = 2,261 m; s = 2,399 m; Gesamtlänge l = 14,12 m;
Verschnitt: 1,412 m; Gesamtlänge: 15,532 m;

Seite 107, Nr. 10: h = 34,64 cm; $A_{Sechseck}$ = 4 156,8 cm^2; $A_{Rechteck}$ = 4 000 cm^2;
Aussparung: $A_{Rechteck}$ = 1 000 cm^2; O = 31 313,6 cm^2;

Seite 108, Nr. 11: **a)** V_{Trapez} = 700 m^3; V = 700 000 l; **b)** Menge in 3 h:126 000 l;
Restmenge: 574 000 l; Leistung / h: 28 000 l;
20,5 h = 20 h 30 min; insgesamt: 23 h 30 min;
c) Leistung der vier Pumpen: 60 000 l; Füllzeit: 11,67h = 11 h 40 min;

Seite 109, Nr. 12: **a)** h_k ≈ 18,5 cm; V_{Kegel} ≈ 1 089,2 cm^3; m ≈ 653,5 g;
b) V_{Kegel} ≈ 136,1 cm^3; m ≈ 81,7 g;

Seite 110, Nr. 13: **a)** Skizze
b) $V_{Würfel}$ = 3,375 cm^3; $V_{Pyramide}$ = 0,45 cm^3;
$h_{Pyramide}$ = 0,6 cm; h_k = 2,1 cm;
c) m = 34,0425 g;

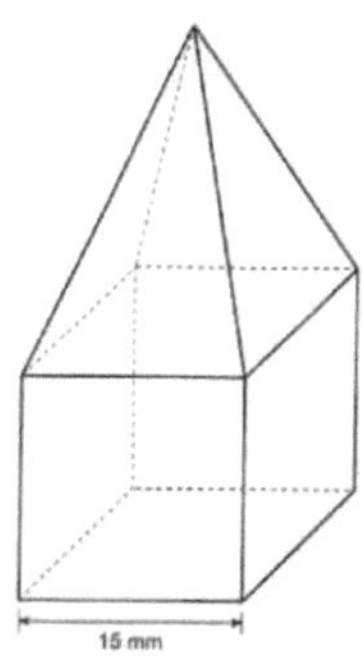

Seite 111, Nr. 14: **a)** Anzahl (aus der Breite): 50; Anzahl aus der Länge: 1 000;
l = 2 840 cm; **b)** V ≈ 1,217 cm^3; **c)** Dichte ≈ 7,56 g/cm^3;

Seite 112, Nr. 15: V_{Kegel} = 9,42 cm^3; $V_{Zylinder}$ ≈ 0,29 cm^3; $V_{Rechtecksäule}$ = 2,25 cm^3;
V = 11,96 cm^3; m = 101,66 g;

Seite 113, Nr. 16: **a)** Skizze
b) V_{Kegel} = 803 840 cm^3; V_{Boje} = 1 607 680 cm^3;
c) $V_{Zylinder}$ = 803 840 cm^3; A = 20 096 cm^2;
h_K = 40 cm;